园林植物图鉴丛书

观赏灌木（第二版）

徐晔春　吴棣飞　编著

中国电力出版社
CHINA ELECTRIC POWER PRESS

内容提要

本书是《园林植物图鉴丛书》中的一本。书中详细介绍了落叶灌木、常绿灌木各种树种的学名（拉丁名）、别名、科属、形态特征、产地、习性、栽培要点、适生地区和园林应用。每一词条都辅以清晰的叶、花、植株形态以及植物园林应用景观的图片。本书适合园艺爱好者、景观设计师、园林专业在校学生及相关专业从业者阅读与参考。

图书在版编目（CIP）数据

观赏灌木／徐晔春，吴棣飞编著. —2版. —北京：中国
电力出版社，2013.1（2013.12重印）
（园林植物图鉴丛书）
ISBN 978-7-5123-3147-1

Ⅰ.①观… Ⅱ.①徐…②吴… Ⅲ.①园林树木－灌木－图谱
Ⅳ.①S68-64

中国版本图书馆CIP数据核字（2012）第117952号

中国电力出版社出版发行
北京市东城区北京站西街19号　　　100005　　http://www.cepp.sgcc.com.cn
责任编辑：王　倩
责任印制：蔺义舟　　责任校对：李　亚
北京盛通印刷股份有限公司印刷·各地新华书店经售
2013年1月第2版·2013年12月第3次印刷
700mm×1000mm 1/16·14.25印张·325千字
定价：65.00元

Preface
前　言

众所周知，任何园林景观的营造都离不开植物。凡能应用于园林景观中，其茎、叶、花、果、植株个体或群体具有较高观赏价值的植物种类，均可称之为园林植物或观赏植物。通常按照其园林用途，可分为一二年生花卉、球根花卉、宿根花卉、常绿花卉、水生植物、乔木、灌木、藤蔓植物、地被植物、仙人掌类植物、多浆多肉植物等。

园林植物以其优美的姿态、繁多的色彩、醉人的芳香，成为构成园林美景的必要元素。它们具有多种景观功能，如构成景点，突出季相变化；配合小品，烘托主景；组织游线，划分空间等。此外，园林植物还具有调节气候、涵养水土、吸附粉尘、吸收有害气体等生态价值，对环境的保护与改善作用显著。

随着我国经济的不断发展，人们对生活环境的要求不断提高，园林观赏植物已成为人们生活中不可或缺的一部分。近年来，随着我国园林绿化事业的蓬勃发展，对外交流日趋活跃，大量国外的园林植物被引种到我国，本土的新优植物也得到长足的应用。然而，广大的园林工作者和爱好者在栽培、欣赏这些植物时，往往缺少相应的参考资料。为此，我们编写了此套《园林植物图鉴丛书》。

本套丛书共介绍了1000余种园林观赏植物，每种植物均简明扼要地介绍了中文名、拉丁学名、别名、科属、形态特征、产地、习性、栽培要点、园林应用等，并配有精美的图片，以供辨识。

本套书内容翔实、科学易用、通俗易懂、图文并茂，不论是植物爱好者、园艺工作者还是大专院校相关专业的师生，均可从本套书中了解到相关花卉的知识，为家庭栽培、园林应用等提供了必要的参考信息。

由于作者水平有限，在编写过程中难免存在疏漏之处，敬请读者批评指正。

Contents
目录

落叶灌木

夹竹桃科 **Apocynaceae**

001

鸡骨常山

学名: *Alstonia yunnanensis*

别名: 三台高、四角枫、野辣椒

科属: 夹竹桃科鸡骨常山属

形态特征: 落叶灌木,高1~3米,多分枝,具乳汁;叶3~5片轮生,薄纸质,倒卵状披针形或长圆状披针形,顶部渐尖,基部窄楔形,全缘。花紫红色,芳香,多朵组成顶生或近顶生的聚伞花序。蓇葖2,线形,顶端具尖头。花期3~6月,果期7~11月。

产地: 产于我国云南、贵州和广西等地。生于海拔1100~2400米的山坡或沟谷地带灌木丛中。

习性: 性喜光照,较耐阴,以温暖、湿润气候为佳,稍耐寒;喜肥沃、排水良好的酸性土壤。

栽培要点: 种植以向阳、土质肥沃的地块为佳,忌积水。定植后浇透水保湿,成活后可正常管理。生长期基质保持湿润,天气干热及时补水。对肥料要求不高,一般苗期每月施1~2次复合肥,成株可不用施肥。播种、分株及扦插繁殖。

适生地区: 我国西南、华南及华东南部。

园林应用: 本种开花繁茂,有一定的观赏价值,多用于园林绿地、庭园的路边或墙垣边种植观赏。

冬青科 **Aquifoliaceae**

002

梅叶冬青

学名: *Ilex asprella*

别名: 秤星树、假青梅、灯花树

科属: 冬青科冬青属

形态特征: 落叶灌木,高达3米。叶膜质,在长枝上互生,在缩短枝上,1~4枚簇生枝顶,卵形或卵状椭圆形,先端尾状渐尖,基部钝至近圆形,边缘具锯齿。雄花序:2或3花呈束状或单生于叶腋或鳞片腋内,花冠白色,辐状。雌花序:单生于叶腋或鳞片腋内,花冠辐状,花瓣近圆形。果球形。花期3月,果期4~10月。

产地: 产于我国浙江、江西、福建、台湾、湖南、广东、广西及香港等地,生于海拔400~1000米的山地疏林中或路旁灌丛中。菲律宾也有分布。

习性: 性喜湿润及阳光充足的环境,较耐寒、耐热、耐瘠,对土壤要求不严。

栽培要点: 对土壤要求不高,栽培时最好选择排水良好、土壤肥沃的地块,种植穴深翻后施入有机肥。移栽时幼苗带宿土,浇透水保湿,成活后即可施薄肥。成株性强健,一般粗放管理,可根据植株长势、生长情况进行施肥及浇水。耐修剪,一般于冬季休眠后进行,剪除病虫枝,过密枝等。繁殖多采用扦插及播种法。

适生地区: 适合我国华中、华南、西南及华东等地栽培。

园林应用: 本种性强健,易栽培,花小繁密,有一定的观赏价值,可用于园路边、山石边等栽培观赏。

小檗科 | Berberidaceae

003

小檗

学名: *Berberis thunbergii*

别名: 日本小檗

科属: 小檗科小檗属

形态特征: 落叶灌木,高达2~3米;多分枝,枝条广展,老枝灰棕色或紫褐色,嫩枝紫红色;刺细小。叶片常簇生,倒卵形或匙形,顶端钝尖或圆形,有时有细小短尖头,全缘,基部急狭呈楔形。花序伞形或近簇生,通常有花2~5朵,花黄色。浆果长椭圆形,熟时红色或紫红色。花期4~5月;果期9~10月。常见栽培种有紫叶小檗 *B. thunbergii* 'Atropurpurra'。

产地: 原产于日本。

习性: 喜温暖、湿润和阳光充足的环境。耐寒,耐干旱,不耐水涝,稍耐阴。萌芽力强,耐修剪。土壤以疏松肥沃、排水良好的沙质土壤为宜。

栽培要点: 苗木移植以春季2~3月或秋季10~11月为宜。北方冬季干燥多风,以春植为好,移植多带宿土。早春萌芽前进行整形修剪。生长季每月施肥1次,土壤保持湿润,但注意排水顺畅。采用播种及扦插繁殖。

紫叶小檗

紫叶小檗

适生地区: 我国华北、华东、华南及长江流域等地。

园林应用: 小檗叶小圆形,入秋变色,春日黄花,秋季红果,可作观赏刺篱,也可以做基础种植及在假山、池畔等处用作点缀。

腊梅科 **Calycanthaceae**

004

蜡梅

学名: *Chimonanthus praecox*

别名: 腊梅、蜡木、黄梅花

科属: 蜡梅科蜡梅属

形态特征: 落叶灌木，株高可达到4米。叶纸质至近革质，卵圆形、椭圆形、宽椭圆形至卵状椭圆形，有时有长圆状披针形，顶端急尖至渐尖，有时有尾尖，基部急尖至圆形。花生于次年生枝条叶腋内，先花后叶，有芳香。萼片与花瓣无明显区别，外轮黄色，内轮常有紫褐色花纹。果坛状或倒卵状椭圆形。花期11月～翌年3月，果期4～11月。

产地: 原产于我国山东、江苏、福建、江西、陕西、云南等省，多生于山地林中。我国各地栽培广泛。

习性: 喜阳光，也耐半阴，耐寒，较耐湿，耐热性差，对土壤要求不严。

栽培要点: 以土层深厚，富含腐殖质的壤土为佳。虽然蜡梅耐旱，但在生长季节，保持土壤湿润，并适时施肥，春季生长旺盛季节施肥2～3次，以复合肥为主，秋季可施1次有机肥，以利花芽生长。蜡梅萌发力强，花后注意修剪整形。繁殖可采用播种、压条、嫁接及分株等方法。

适生地区: 全国均可栽培，但在华南等高温高湿地区生长不良。

园林应用: 蜡梅花色靓丽，又是冬季少花季节开放，极适合公园、庭园、小区及园林绿地等群植或孤植，也可与松、竹等植物配植。

005

小叶六道木

学名: *Abelia parvifolia*

科属: 忍冬科六道木属

形态特征: 落叶灌木或小乔木,高1~4米;叶有时3枚轮生,革质、卵形、狭卵形或披针形,顶端钝或有小尖头,基部圆至阔楔形,近全缘或具2~3对不明显的浅圆齿,边缘内卷,上面暗绿色,下面绿白色。具1~2朵花的聚伞花序生于侧枝上部叶腋;花冠粉红色至浅紫色。花期4~5月,果熟期8~9月。

产地: 产于我国陕西、甘肃、福建、湖北、四川、贵州、云南等省。生于海拔240~2000米的林缘、路边、草坡、岩石、山谷等处。

习性: 喜温暖及阳光充足的环境,耐寒、耐热,对土壤要求不严。

栽培要点: 定植时,选择土壤疏松、肥沃的地块,挖好空植穴并施入底肥。苗期每年施用2~3次的速效肥,以氮肥为主,可促进植株快速生长,成株后施用复合肥,可根据长势确定施肥量,一般每个生长季节3~5次。苗期需保持土壤湿润,注意补水,成株一般不用浇水。花后可修剪整形,繁殖采用扦插法,春、秋为适期。

适生地区: 我国长江流域及以南地区。

园林应用: 株形美观,易栽培,花美丽,可用于园路边、墙隅、墙垣边等栽培观赏。

006

糯米条

学名： *Abelia chinensis*

别名： 茶条树

科属： 忍冬科六道木属

形态特征： 落叶灌木，株高约2米。幼枝红褐色，老干树皮撕裂状。叶对生，卵形或卵状椭圆形，边缘具疏浅齿，叶背中脉基部密被柔毛。聚伞花序顶生或腋生，花冠漏斗状，粉红色或白色，有芳香；萼片5，粉红色。花期7～8月，果熟期10月。

产地： 原产于我国长江流域各省山区。

习性： 喜阳光充足和凉爽湿润的气候。较耐寒，怕强光，较耐阴。耐干旱贫瘠，对土壤条件要求不严，但以疏松肥沃、排水良好的沙质壤土为宜。

栽培要点： 移植苗木应在冬季落叶后或早春萌芽前，需带土球，新移栽植株适当修剪整形。春季萌芽前挖穴施用有机肥1次，初夏开花前施用磷、钾肥。秋季气候干旱，应适当浇水，保持土壤湿润。可采用播种、扦插及压条繁殖。

适生地区： 我国华北地区露地栽培，枝梢略有冻害，长江流域可广泛种植。

园林应用： 糯米条枝条柔软婉垂，树姿婆娑，开花时，白色小花密集梢端，芳香浓郁，花后萼片宿存，犹如粉花，观赏期长。适宜栽植于池畔、路边、墙隅、草坪和林下边缘，可群植或列植，修剪成花篱。

007

猥实

学名： *Kolkwitzia amabilis*

别名： 蝟实

科属： 忍冬科猥实属

形态特征： 落叶灌木，高达3米；幼枝被柔毛，老枝皮剥落。单叶对生，卵形至卵状椭圆形，长3~7厘米，基部圆形，先端渐尖，叶缘疏生浅齿或近全缘，两面有毛。顶生伞房状聚伞花序，每一聚伞花序有2花，粉红色，喉部黄色。瘦果状核果卵形，密生针刺，形如刺猥，故名。花期5~6月，果期8~10月。

产地： 原产于我国的长江流域、西南、西北等省区。

习性： 喜温和凉爽、阳光充足的气候，抗寒性强，冬季能耐-15℃低温，耐半阴、耐干旱。栽培以深厚肥沃、排水良好的土壤为佳，但也耐干旱贫瘠壤土。

栽培要点： 苗木移栽可从秋季落叶后到次年早春萌芽前进行。生长期注意保持土壤湿润，雨季要注意排水。生长旺期每月施肥1~2次，秋后沟施有机肥越冬。开花后适当疏枝修剪，可促来年花繁色艳。可用播种、扦插、分株、压条法繁殖。

适生地区： 我国长江流域、西南、华北等省区可栽培，北京也可栽培。

园林应用： 猥实花繁色艳，开花期正值初夏少花季节，夏秋全树挂满形如刺猥的小果，甚为别致。在园林中可点缀草坪、角隅、山石旁，也可列植丛植于园路、亭廊附近。

008

金银木

● 红花金银忍冬

学名: *Lonicera maackii*

别名: 金银忍冬

科属: 忍冬科忍冬属

形态特征: 落叶灌木，高可达6米。小枝髓黑褐色，后变中空，嫩枝有柔毛。单叶对生，卵状椭圆形，长4～12厘米，先端渐尖，全缘，两面疏生柔毛。花成对腋生，花冠白色，后变黄色，淡香。浆果球形，合生，径5～6毫米，红色。花期5～6月；果9月成熟。常见栽培的变种有红花金银忍冬 *L. maackii* var. rubescens。

产地: 原产于我国华北、东北地区，陕西、甘肃、宁夏、青海东部、四川、湖北西部及安徽大别山区。

习性: 喜温凉湿润、阳光充足气候，喜光，较耐阴，耐寒，耐-40℃低温，耐旱。适应性强，不择土壤，但以深厚肥沃、排水良好的土壤为宜。

栽培要点: 苗木移栽可从秋季落叶后或早春萌芽前进行，小苗多带宿土，大苗需带土球。生长期注意保持土壤湿润，每月施肥1～2次，秋后沟施有机肥越冬。开花后适当疏枝修剪，使枝条分布均匀，可促来年枝繁叶茂。3～5年生长后，可重剪枝干，以促更新复壮。可用播种、扦插、压条法繁殖。

适生地区: 我国华北、西北、西南及东北地区可栽培应用。

园林应用: 本种株形紧凑，枝叶丰满，春夏枝头花色黄白相映，芳香袭人；深秋枝条上红果密集，晶莹可爱，又因耐阴性强，是难得的耐阴性观花观果树种。可作为疏林的下木或建筑阴面场地的绿化材料。

009

鞑靼忍冬

学名: *Lonicera tatarica*

别名: 新疆忍冬、桃色忍冬

科属: 忍冬科忍冬属

形态特征: 落叶灌木,高达3米。叶纸质,卵形或卵状矩圆形,有时矩圆形,顶端尖,稀渐尖或钝形,基部圆或近心形,稀阔楔形,两侧常稍不对称,边缘有短糙毛。花冠粉红色或白色,唇形,筒短于唇瓣。果实红色,圆形。花期5~6月,果熟期7~8月。

产地: 产于我国新疆北部。生海拔900~1600米的石质山坡或山沟的林缘和灌丛中,俄罗斯欧洲部分至西伯利亚地区也有分布。

习性: 喜光照,耐寒,不耐热,对土质要求不严,一般土壤均可良好生长。

栽培要点: 栽培宜选择土质疏松肥沃的沙质壤土,整地时施入适量有机肥,以保证植株后续生长。春秋两季是移栽的最佳季节,带宿土,定植后浇水保湿。成活后施入少量的氮肥,进入生长旺季时施2~3次复合肥。每年可根据情况进行修剪,以保持良好株形。繁殖多采用扦插法及播种法。

适生地区: 我国长江流域及以北地区。

园林应用: 本种花美丽,果实红艳,具有较高的观赏价值,适于园林绿地、社区、校园等路边、办公楼前或墙垣边种植观赏。

010

接骨木

学名： *Sambucus williamsii*

别名： 公道老、马尿骚、大接骨丹

科属： 忍冬科接骨木属

形态特征： 落叶灌木至小乔木，株高4~8米。奇数羽状复叶对生，小叶椭圆状披针形，端尖至渐尖，基部阔楔形，常不对称，缘具锯齿。圆锥状聚伞花序顶生，花两性，花冠辐状，白色至淡黄色。浆果球形，黑紫色或红色。花期4~6月，果6~9月成熟。栽培的同属植物有金叶接骨木*S. ambucus canadensis*'Aurea'。

产地： 原产于我国东北、华北各省，朝鲜、日本也有种植。

习性： 喜湿暖、湿润环境，喜光、耐寒、耐旱、忌水湿。对土壤要求不严。

栽培要点： 播种、扦插或分株繁殖。常用扦插和分株繁殖。扦插，每年4~5月进行。分株，秋季落叶后进行。栽培土壤宜选排水良好、富含有机质的沙质土壤。生长期保持充足光照，但也不可强光直射，保持土壤湿润，可施肥2~3次，对徒长枝适当截短，增加分枝。

金叶接骨木

适生地区： 我国长江流域以北地区。

园林应用： 适宜于水边、林缘和草坪边缘栽植，可盆栽或配置花境观赏。

金叶接骨木

011

红蕾荚蒾

学名: *Viburnum carlesii*

科属: 忍冬科荚蒾属

形态特征: 落叶灌木,高1~2米。单叶对生,叶椭圆形或近圆形,灰绿色,两面被细毛,长5~10厘米,缘有三角状锯齿,羽状脉明显,直达齿端。聚伞花序,直径4~6厘米;花蕾粉红色,盛开时白色,有芳香。核果椭球形,熟时紫红色。花期4~5月,果期9~10月。

产地: 原产于朝鲜半岛。

习性: 喜温凉湿润气候,喜光,稍耐阴,耐寒。喜深厚肥沃、排水良好微酸性土壤。

栽培要点: 幼苗移植宜在早春萌芽前,小苗多带宿土,大苗需带土球。生长季保持土壤湿润,忌积水,施肥2~3次。花后适当短截徒长枝条,调整株形。秋季可沟施有机肥,可保来年花繁叶茂。冬季落叶后,适当修剪冗杂枝、细弱枝,使树形美观。多用压条、扦插、嫁接繁殖。

适生地区: 我国华北、东北、西北等地区可引种栽培。

园林应用: 本种初夏枝繁叶茂、香味浓郁,秋冬叶色红艳、红果诱人,最宜配植亭际堂前、假山岩石、路畔墙垣等处。

012

香荚蒾

学名: *Viburnum farreri*

别名: 香探春

科属: 忍冬科荚蒾属

形态特征: 落叶灌木，高达3米。单叶对生，叶椭圆形，长4～8厘米，缘有三角状锯齿，羽状脉明显，直达齿端，背面脉腋有簇毛，叶脉和叶柄略带红色。圆锥花序生于短枝顶，长4～6厘米；花冠高脚蝶状，花蕾初呈粉红色后变白色，端5裂。春季4～5月花叶同放，核果椭球形，熟时紫红色。

产地: 原产于我国青海、甘肃、新疆等省区。

习性: 喜温凉湿润、阳光充足气候，耐半阴，耐寒，不耐贫瘠和积水。喜深厚肥沃、排水良好土壤。

栽培要点: 幼苗移植宜在早春萌芽前，小苗多带宿土，大苗需带土球。生长期适度浇水，忌积水，施肥2～3次。花后适当修剪，夏季可短截徒长枝条，调整株形。秋冬季落叶后，整株可强修剪，使树形美观。种子不易收集，故多用压条、扦插繁殖。

适生地区: 我国华北、西北地区、东北的辽宁等省可栽培应用。

园林应用: 本种花白色而浓香，花期极早，是华北地区重要的早春花木。可丛植于草坪边、林阴下，也可栽植于建筑物的东西两侧或北面。

013

黑果荚蒾

学名: *Viburnum lantana*

别名: 绵毛荚蒾

科属: 忍冬科荚蒾属

形态特征: 落叶灌木,高达4~5米。小枝幼叶有糠状毛。单叶对生,叶卵形至椭圆形,先端尖或钝,基部圆形或心形,缘有小齿,侧脉直达齿尖,两面有星状毛。聚伞花序再集成伞形复伞花序。花白色,裂片长于筒部。核果椭球性,由红变黑色。花期5~6月,果期8~9月。

产地: 原产于欧洲及亚洲西部。

习性: 喜温凉湿润、阳光充足气候,耐半阴,生长强健,耐寒强。喜疏松肥沃、排水良好土壤。

栽培要点: 幼苗移植宜在早春萌芽前,小苗多带宿土,大苗需带土球。待枝条展叶后开始肥水管理,生长期保持土壤湿润,雨季注意排水顺畅。花前施磷、钾肥2~3次。主枝易萌发徒长枝条,破坏树形,花后适当修剪,秋冬季整株修剪。可扦插、压条、分株繁殖。

适生地区: 我国华北、西北地区可栽培。

园林应用: 本种初夏花序美丽,秋季叶色红艳,果实累累,宜配植亭际堂前、假山岩石、草坪缘等处。

014

欧洲荚蒾

学名: *Viburnum opulus*

别名: 欧洲琼花、欧洲绣球

科属: 忍冬科荚蒾属

形态特征: 落叶灌木,高达4米。树皮薄,枝浅灰色,光滑。单叶对生,叶近圆形,3裂,有时5裂,裂片有不规则粗齿,背面有毛,叶柄近端处有2~3个盘状大腺体。聚伞花序,多少扁平,有大型白色不孕边花,花药黄色。果近球形,红色。花期5~6月,果期8~9月。

产地: 原产于欧洲、北非及亚洲北部。

习性: 喜温暖湿润、阳光充足气候,喜光,稍耐阴,耐寒。喜湿润肥沃、排水良好的土壤。

栽培要点: 幼苗移植宜在早春萌芽前,小苗多带宿土,大苗需带土球。待枝条展叶后开始肥水管理,生长期施肥2~3次。花后适当修剪,夏季剪去徒长枝条先端,秋冬季整株修剪。可扦插、压条、嫁接繁殖。

适生地区: 我国华北、西北、西南等地区可栽培应用。

园林应用: 本种花果美丽,秋季叶色红艳,宜配植在草坪绿地、假山岩石、路旁林缘等处。

015

木本绣球

学名: *Viburnum macrocephalum*

别名: 木绣球、斗球

科属: 忍冬科荚蒾属

形态特征: 落叶或半常绿灌木,高达4米。枝广展,树冠半球形。芽、幼枝、叶柄均被灰白或黄白色星状毛,冬芽裸露。单叶对生,卵形或椭圆形,端钝,基部圆形,边缘有细锯齿,下面疏生星状毛。花序几乎全为大型不育花,初开绿色,后转为白色,形如绣球,不结实。花期5~7月。

产地: 原产于我国长江流域,华北南部等地区。

习性: 喜温暖湿润、阳光充足气候,喜光,稍耐阴,耐寒不强,不耐干旱。喜湿润肥沃、排水良好的沙质壤土。

栽培要点: 幼苗移植宜在早春萌芽前,小苗多带宿土,大苗需带土球。生长期注意浇水,忌积水,每月施磷钾肥1~2次。花后适当修剪,夏季可短截徒长枝条,调整株形。秋冬季整株修剪。每

2~3年修剪1次,调整全株树形。不结实,故多用压条、扦插、嫁接繁殖。

适生地区: 我国华北南部、长江流域及华南等地可栽培应用。

园林应用: 本种树姿舒展,开花时白花满树,犹如积雪压枝,十分美观。宜配植在堂前屋后、假山岩石、墙下窗外,也可丛植于路旁林缘等处。

016

琼花

学名: *Viburnum macrocephalum* 'Keteleeri'

别名: 聚八仙、琼花荚蒾

科属: 忍冬科荚蒾属

形态特征: 落叶或半常绿灌木,高达4米;枝广展,树冠半球形;芽、幼枝、叶柄均被灰白或黄白色星状毛;冬芽裸露。单叶对生,卵形或椭圆形,端钝,基部圆形,边缘有细锯齿,下面疏生星状毛。聚伞花序集成伞房状,花序中间为两性可育花,边缘常有8~9朵大型不育花。核果椭球形,先红后黑。花期4~5月,果期9~10月。

产地: 原产于我国长江中下游地区。

习性: 喜温暖湿润、阳光充足气候,喜光,稍耐阴,较耐寒,不耐干旱和积水。喜湿润肥沃、排水良好的沙质土壤。

栽培要点: 幼苗移植宜在早春萌芽前。生长期注意浇水,忌积水,4~5月花后适当修剪,并施肥1次。主枝亦萌发徒长枝条,夏季可截短,并适当疏枝,调整株形。秋冬季整株修剪,调整灌形。可用播种、压条、扦插、嫁接繁殖。

适生地区: 我国华北南部、长江流域及华南等地可栽培应用。

园林应用: 琼花树姿优美,花形奇特,宛若群蝶起舞,惹人喜爱,秋季累累圆果,红艳夺目,为传统名贵花木。适宜配植于堂前、亭际、墙下和窗外等处。

017

天目琼花

学名： *Viburnum sargentii*

别名： 鸡树条荚蒾

科属： 忍冬科荚蒾属

形态特征： 落叶灌木，高约3米。树皮暗灰色浅纵裂，略带木栓，小枝有明显皮孔。单叶对生，叶宽卵形至卵圆形，通常3裂，边缘有不规则的齿，掌状3出脉。叶柄端两侧有2～4个盘状大腺体。聚伞花序，径8～12厘米，生于侧枝顶端，边缘有大型不孕花，中间为两性花，花冠乳白色。核果近球形，鲜红色。花期5～6月，果期8～9月。

产地： 原产于我国东北、华北、长江流域等地区。

习性： 喜温凉湿润，阳光充足的气候，喜光，稍耐阴，耐寒，耐旱。喜深厚肥沃、富含腐殖质、排水良好的土壤。根系发达，移植容易成活。

栽培要点： 幼苗移植宜在早春萌芽前，小苗可裸根移植，大苗需带土球。生长期适度浇水，施肥2～3次。主枝易萌发徒长枝，破坏树形，及时去萌蘖枝。花后适当修剪，秋冬季落叶后，整株可强修剪，使树形美观。多用扦插、压条、嫁接繁殖。

适生地区： 我国华北、西北、东北及长江流域地区可广泛栽培应用。

园林应用： 本种树态清秀，叶形美丽，初夏花开似雪；秋季红果累累，观花赏果无不相宜。宜在建筑物四周、草坪边缘配植，也可在道路边、岩石假山旁孤植、丛植或片植。

018

海仙花

学名: *Weigela coraeensis*

别名: 五色海棠、朝鲜锦带花

科属: 忍冬科锦带花属

形态特征: 落叶灌木，高达5米；小枝粗壮，无毛或近有毛。叶对生，宽椭圆形或倒卵形，叶表面深绿，背面淡绿，脉间稍有毛。花数朵组成腋生聚伞花序；花冠漏斗状钟形，初开时黄白色或淡玫瑰红色，后变为深红色；花萼线形，裂至基部。蒴果柱形。花期5～6月，果期7～9月。

产地: 原产于我国山东、浙江、江苏、江西等省。

习性: 喜温暖湿润气候，喜光，稍耐阴，耐寒，怕涝。发根力和萌蘖力强。栽培以深厚肥沃、排水良好的沙质土壤为佳。

栽培要点: 移植可在落叶后或早春萌芽前进行，带土球移植成活率高。生长期适度浇水，注意排水顺畅，施肥2～3次。花期及时清除残花败枝，防营养过多消耗。秋冬季挖穴施有机肥，增加树势。冬季或早春适度修剪老弱枯枝，调整株型。可用播种、扦插、分株、压条等法繁殖。

适生地区: 我国长江流域、华南、华北等省区可栽培，在北京地区可露天越冬。

园林应用: 本种枝条开展，花色丰富，适于庭院、湖畔丛植；也可在林缘作花篱、花丛配植；点缀于假山、坡地，景观效果也颇佳。

红王子锦带

019

锦带花

学名： *Weigela florida*

别名： 五色海棠

科属： 忍冬科锦带花属

形态特征： 落叶灌木，高可达5米；幼枝有柔毛。叶对生，具短柄，椭圆形或卵状椭圆形，边缘有锯齿。花1~4朵组成聚伞花序，生于小枝顶端或叶腋；花冠漏斗状钟形，玫瑰红色，里面较淡。花萼5裂，下半部合生。蒴果柱状，种子细小。花期5~6月；果期10月。常见栽培的品种有红王子锦带 *W. florida* 'Red Prince'，花叶矮锦带 *W. florida* 'Variegata'。

产地： 原产于我国东北、华北等地区。

习性： 喜凉爽湿润、阳光充足环境，耐半阴，较耐寒，耐干旱。栽培以深厚肥沃、排水良好的沙质土壤为佳。

栽培要点： 移植可在落叶后或早春萌芽前进行，小苗多带宿土，大苗需带土球。生长季保持土壤湿润，并施肥2~3次。花芽主要着生于1~2年生枝条上，故早春修剪仅剪去枯枝弱枝。花期及时清除残花败蕾，防止营养过多消耗。每2~3年可重剪1次，剪去3年以上老枝，促进植株更新。可用播种、扦插、分株、压条等法繁殖。

适生地区： 我国华北、东北及长江流域等地区可栽培应用。

园林应用： 本种株形优雅，花大色艳，常植于庭园角隅、公园湖畔，或在林缘、树丛边植作自然式花篱、花丛，也可在假山岩石旁等处点缀种植。

红王子锦带

花叶矮锦带

山茱萸科 **Cornaceae**

020

红瑞木

学名： *Swida alba*

别名： 红梗木、凉子木

科属： 山茱萸科梾木属

形态特征： 落叶灌木。高达3米。老干暗红色，枝桠血红色；无毛，常被白粉。单叶全缘对生，椭圆形，长4～9厘米。聚伞花序顶生，花小，白色至黄白色。核果乳白或略带蓝白色，花期5～7月；果期8～10月。同属常见栽培的有欧洲红瑞木 *S. sanguinea*，花叶红瑞木 *S.alba* 'Variegata'。

产地： 原产于我国东北、华北、西北等地区。

习性： 喜温凉湿润气候，喜光，耐半阴，耐寒性强，耐水湿，亦耐干旱贫瘠。栽培喜深厚肥沃、略带湿润土壤为宜。

栽培要点： 移植可在落叶后或早春萌芽前进行，小苗多带宿土，大苗需带土球，移植后要重剪。生长季保持土壤湿润，并施肥2～3次。入冬前可沟施有机肥，有利于增强树势。每年冬季适当修剪枯枝弱枝，保持树形整齐美观。可用播种、扦插、分株、压条法繁殖。

适生地区： 我国东北、华北、西北以及长江流域地区可栽培应用。

园林应用： 本种秋叶鲜红，秋果洁白，冬季落叶后枝干红艳，衬以白雪，分外美观，是难得的观茎植物。最适丛植庭园草坪、河畔堤岸，或与常绿乔木间植，红绿相映成趣。

●欧洲红瑞木

杜鹃花科 Ericaceae

021

杜鹃花

学名: *Rhododendron simsii*

别名: 映山红、照山红、山石榴、山踯躅、山鹃

科属: 杜鹃花科杜鹃花属

形态特征: 落叶或半常绿灌木,高可达3米。分枝多,枝细而直,有棕色扁平的糙伏毛。叶纸质,卵形或椭圆形,长3~5厘米,先端尖,基部楔形。花深红色,有紫斑,径约5厘米,2~6朵簇生枝端。蒴果卵形,密被糙伏毛。花期3~5月,果10月成熟。

产地: 原产于我国长江流域以南各省区。

习性: 喜温暖湿润及半阴的环境,稍耐寒,不耐干旱,栽培以湿润肥沃、排水良好的酸性土壤为宜。

栽培要点: 移植可在冬季或梅雨季节进行,小苗多带宿土,大苗需要带土球。生长期及时浇水,特别花期,盆土不干。生长期每月施酸性肥料1~2次,花前花后施用磷钾肥。生长期需摘心修剪,去除枯枝、萌蘖枝。花后及时除去残花,修剪内膛枝,短截徒长枝,除去枯枝、病虫枝。可用扦插、压条、播种法繁殖。

适生地区: 我国长江流域及华南、西南省区均可栽培应用。

园林应用: 杜鹃花春季红花开放,漫山遍野,宛若红霞,极为壮观。适宜片植林下作耐阴下木,或点缀自然风景区。

大戟科 Euphorbiaceae

022

一品红

学名: *Euphorbia pulcherrima*

别名: 猩猩木、象牙红、老来娇、圣诞花

科属: 大戟科大戟属

形态特征: 落叶灌木。根圆柱状，分枝多，株高1～4米。叶互生，卵状椭圆形、长椭圆形或披针形，先端渐尖或急尖，基部楔形或渐狭，绿色，边缘全缘或浅裂或波状浅裂。苞叶5～7枚，有红色、黄色、白色、粉色及复色等。花序聚伞排列于枝顶，总苞坛状。蒴果。花果期10月至次年4月。

产地: 原产于中美洲，现世界各地均有栽培。

习性: 喜温暖、阳光充足的环境，较耐阴，不耐寒。喜疏松、肥沃、排水良好的微酸性土壤。

栽培要点: 多用扦插繁殖，4～7月为适期，多选用枝端嫩枝，插后20天左右生根，1个月左右即可移栽，栽后保持土壤湿润。喜肥，半个月施肥1次，以通用肥为主，进入秋季后，增施磷、钾肥，促其苞片转色。花后可对枝条截短，以促发新枝。

适生地区: 全国各地均有盆栽，华南南部、华东南部、西南南部可地栽观赏。

园林应用: 一品红苞片艳丽，色泽多样，极具节日气氛，是圣诞节、新年及春节必备的花卉之一，可用于广场、绿地及室内等处摆放，也可植于路边、林下、山石旁、庭院等处栽培观赏。

豆科 Leguminosae

023

红花锦鸡儿

学名: *Caragana rosea*

别名: 金雀儿

科属: 豆科锦鸡儿属

形态特征: 落叶灌木,高达1～2米;小枝细长,有棱;长枝上托叶刺宿存。小叶4枚,假掌状排列,倒卵形,先端圆或微凹,有短刺尖。花单生,蝶形花冠,橙黄色带淡红,谢时紫红色,荚果褐色。花期5～6月。

产地: 原产于我国河北、江苏、山东、甘肃、陕西等地区。

习性: 喜光,耐寒,耐干旱贫瘠。极耐修剪,萌发力强,易整形。适应性强,不择土壤,但以深厚肥沃、排水良好的沙质壤土为宜。

栽培要点: 生长速度快,性强健,可以粗放管理。幼苗定植后,生长期保持土壤干燥稍偏湿润,容易产生吸根自行繁衍成片。冬季适当修剪,保持株形整齐美观。可用播种、分株、压条法繁殖。

适生地区: 我国华北、西北、华东、西南等黄河以南地区均可栽培应用。

园林应用: 本种花期枝条鲜艳夺目,花色丰富,可修剪整齐成各种形状孤植,或片植于路边,墙垣作基础栽植,也可配植于坡地、裸岩等处作保持水土地被。

024

紫荆

学名: *Cercis chinensis*

别名: 满条红

科属: 豆科紫荆属

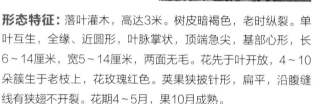

形态特征: 落叶灌木,高达3米。树皮暗褐色,老时纵裂。单叶互生,全缘、近圆形,叶脉掌状,顶端急尖,基部心形,长6～14厘米,宽5～14厘米,两面无毛。花先于叶开放,4～10朵簇生于老枝上,花玫瑰红色。荚果狭披针形,扁平,沿腹缝线有狭翅不开裂。花期4～5月,果10月成熟。

产地: 原产于我国华中、华北、西南、华东等地。

习性: 喜温暖湿润气候,喜光,较耐寒,不耐水湿。萌蘖力强,耐修剪。喜疏松肥沃、排水良好的微酸性沙质土壤。

栽培要点: 移植可在落叶后或早春萌芽前进行,小苗可裸根移植,大苗的移植需带土球。定植后需要适当修剪。生长期保持土壤湿润,注意排水顺畅。早春开花前施磷钾肥1次,生长期施肥2～3次。每年冬季适当修剪枯枝、弱枝、干扰枝,并需更新部分老枝,保持树姿整齐与来年枝繁叶茂。可用播种、扦插、分株、压条等法繁殖。

适生地区: 我国华北、西南、华南以及长江流域广泛栽培应用。

园林应用: 紫荆先花后叶,开花时满树红花,娇艳可爱,宜丛植于小庭院、公园、建筑物前及草坪边缘,也可植于常绿树背景前,或点缀于假山、岩石、亭畔。

锦葵科 **Malvaceae**

025

木芙蓉

学名： *Hibiscus mutabilis*

别名： 芙蓉花、醉芙蓉

科属： 锦葵科木槿属

形态特征： 落叶灌木或小乔木，高2~5米。枝干密被星状毛。单叶互生，叶大，广卵形，3~5（7）裂，裂片三角形，基部心形，边缘有钝锯齿，两面均有黄褐色绒毛。花大，单生于枝端叶腋，花形有单瓣、重瓣或半重瓣，花色清晨初开淡红色，傍晚变深红色。蒴果扁球形，被黄色刚毛及绒毛。花期8~10月，果期12月。

产地： 原产于我国长江流域以南地区。

习性： 喜温暖湿润气候，喜光，不耐寒，耐水湿。萌蘖性强，耐修剪。喜湿润肥沃、排水良好的微酸性土壤。

栽培要点： 移植最宜早春进行，需带土球移植。性强健，可粗放管理。生长期保持土壤湿润，施肥2~3次，开花期施磷钾肥2~3次。萌蘖性强，生长期需修剪。冬季落叶后将地上部分枝条全部剪除，翌年春天从根部可新发枝条。多用扦插、压条法繁殖，分株、播种皆可。

适生地区： 我国黄河流域以南至华南地区可栽培应用，以四川成都最为著名，有"蓉城"之称。

园林应用： 本种适应性强，花大色美，娇艳动人，最适配植于池畔、堤岸、水际，倒映水中，相映成趣。亦可丛植于亭畔、假山、坡地等处。

026

木槿

学名： *Hibiscus syriacus*

别名： 朝开暮落花、朱槿、赤槿

科属： 锦葵科木槿属

形态特征： 落叶灌木或小乔木。株高达6米，茎多分枝，稍披散，树皮灰棕色。单叶互生，叶卵形或菱状卵形，常3裂，边缘具圆钝或尖锐锯齿。花单生枝梢叶腋，花瓣5枚，花形有单瓣、重瓣之分，花色有浅蓝紫色、粉红色或白色等，蒴果长椭圆形。花期6~9月，果9~11月成熟。

产地： 原产于我国长江流域广大地区，栽培历史悠久。

习性： 喜温暖湿润气候，喜光，较耐寒，耐干旱贫瘠，不耐积水。萌蘗性强，耐修剪。喜深厚肥沃、排水良好的沙质土壤。

栽培要点： 移植可在落叶后或早春萌芽前进行。可粗放管理。生长期保持土壤湿润，注意排水顺畅。春季萌芽前施肥1次，开花期施磷钾肥2~3次。每年冬季适当修剪枯枝、弱枝、干扰枝，保持树形整齐美观。可用播种、扦插、分株、压条等法繁殖。

适生地区： 我国东北地区南部至华南地区均可栽培，以长江流域应用最为广泛。

园林应用： 木槿夏季开花，花大美丽，花色丰富，花期极长，可做花篱、绿篱或庭院布置配植，丛植于水滨、湖畔，林缘也很适宜。

毛茛科 Ranunculaceae

027

牡丹

学名: *Paeonia suffruticosa*

科属: 毛茛科芍药属

别名: 木芍药、富贵花、洛阳花

形态特征: 落叶灌木,高多在0.5~2米之间。根肉质,粗而长。二回三出复叶互生,枝上部常为单叶,小叶卵形,3~5裂,叶背有白粉。花单生于当年枝顶,径约10~30厘米。牡丹栽培历史悠久,品种繁多,花有单瓣、重瓣等;花色有白、黄、粉、红、紫红、绿、复色等。聚合蓇葖果,密生黄褐色毛。花期4~5月,果9月成熟。

产地: 原产于我国西部及中部地区,秦岭山区有野生分布。

习性: 喜温和凉爽的气候,较耐寒,不耐酷热。喜光,但忌烈日暴晒,以半阴为佳。栽培以肥沃深厚、排水良好的微酸性壤土为宜。

栽培要点: 秋季移植,剪除断根、弱根,栽培时根茎与土面齐平。生长期保持土壤湿润,春秋干燥季节,适当灌水,水量不宜过大。早春萌芽后,每月施肥1~2次,花前增施磷钾肥,秋季落叶后施足基肥。生长期及时除去根际萌芽枝,冬季根据生长情况定干,剪除干枯花枝,并可适当短剪或疏剪,保证树形美观。繁殖可用分株、嫁接、播种等法。

适生地区: 我国华北、西南及长江流域各省区广泛栽培观赏。

园林应用: 牡丹株形端庄,枝叶秀丽,花大色艳,有"国色天香"之誉,宜建专类园及配置于古典园林观赏,也可栽植于假山岩石、草坪林缘等处,无不相宜。

蔷薇科 Rosaceae

028

榆叶梅

学名： *Prunus triloba*

别名： 榆梅、小桃红

科属： 蔷薇科李属

形态特征： 落叶灌木或小乔木，高3～5米；枝条褐色，无毛。叶宽椭圆形至倒卵形，先端尖或为3裂状，基部宽楔形，边缘有不等的粗重锯齿。春季先花后叶，花粉红色，常1～2朵生于叶腋。核果红色，近球形，有毛。花期4月，果期7月。

产地： 主产于我国华北、东北地区。

习性： 喜温凉湿润气候，喜光，耐寒，耐旱，不耐水涝。对土壤的要求不严，喜中性至微碱性、肥沃疏松的沙壤土。

栽培要点： 移植可在秋季落叶后或早春萌芽前进行，大苗需要带土球。定植时穴内施足基肥，适当修剪枝条。生长旺期保持土壤湿润，开花前施磷钾肥2～3次，花后及时对花枝适度短截打顶，促进花芽萌发，并施肥1次，增强树势，利于来年枝繁叶茂。冬季修剪过密枝、细弱枝、病虫枝。常用嫁接、扦插、播种法繁殖。

适生地区： 我国华北、东北、西北及长江流域均有栽培应用。

园林应用： 榆叶梅枝叶茂密，花繁色艳，宜植于公园草坪、路边，墙垣、池畔，假山岩石等处。亦可丛植于常绿树前，或于连翘等春花灌木搭配。

029

郁李

学名: *Prunus japonica*

别名: 赤李、山梅

科属: 蔷薇科李属

形态特征: 落叶灌木,高达1.5米。树皮灰褐色,有不规则的纵条纹。叶互生,卵状披针形,先端尾状渐尖,基部圆形,边缘有尖锐重锯齿。春季花叶同时开放,花单生或2~3簇生,粉红色或近白色。核果近球形,熟时鲜红色。花期4~6月,果期7~8月。

产地: 产于我国华北、华中、华南等地区。

习性: 喜温暖湿润气候,喜光,耐寒,耐旱,耐水湿,萌蘖性强,耐修剪。喜深厚湿润、排水良好的沙质壤土。

栽培要点: 栽培宜选择向阳之处,移植可在落叶后或早春萌芽前进行,小苗可裸根移植,大苗需带土球。定植后适当修剪,除去枯枝老枝。生长期每月施肥1~2次,适当修剪萌蘖枝条,保持灌形美观。冬季适当修剪枯枝、弱枝、干扰枝,每3~5年可重剪老枝,促进更新。常用分株、播种法繁殖。

适生地区: 我国华北、东北、长江流域及华南等地区可栽培应用。

园林应用: 郁李早春花朵繁茂,极为美观,宜丛植于庭院、草坪、路边、假山旁等处。

030

麦李

学名： *Prunus glandulosa*

科属： 蔷薇科李属

形态特征： 落叶灌木，高达1.5厘米。叶卵状长椭圆形至椭圆状披针形，长5~8厘米，先端急尖而常圆钝，基部广楔形，缘有细钝齿，两面无毛或背面中肋疏生柔毛。花单生或2朵簇生，粉红或近白色。核果近球形，红色。花期4月，先叶开放或与叶同放；果期5~8月。

产地： 产于我国长江流域及西南省区。

习性： 喜温暖湿润气候，喜光，较耐寒性。忌低洼积水及土壤黏重，喜深厚湿润、排水良好的沙壤土。

栽培要点： 移植可在落叶后或早春萌芽前进行，可裸根移植。生长期保持土壤湿润，注意排水顺畅，秋季干旱季及时补水。春季萌芽前施肥1次，开花期施磷钾肥2~3次。每年冬季适当修剪枯枝、弱枝、干扰枝，保持树形整齐美观。每3~5年可重剪更新。常用分株或嫁接法繁殖，砧木用山桃。

适生地区： 我国长江流域、西南、华南、华北、东南等地区可以栽培应用。

园林应用： 麦李春季叶前开花，满树灿烂，宜配植于草坪、路边、假山旁及林缘。

031

毛樱桃

学名: *Prunus tomentosa*

别名: 山豆子、樱桃

科属: 蔷薇科李属

形态特征: 落叶灌木，高2～3米。幼枝密生绒毛。叶倒卵形至椭圆状卵形，先端尖，锯齿常不整齐，表面皱，有柔毛，背面密生绒毛。花白色或略带粉色，无梗或近无梗。萼红色，有毛。核果近球形，红色，稍有毛。花期4月，稍先叶开放，果6月成熟。

产地: 主产于我国华北、东北，西南地区亦有分布。

习性: 性喜光，耐寒，稍耐阴，性强健，耐干旱、瘠薄及轻碱土，根系发达。栽培以深厚湿润、排水良好的壤土为佳。

栽培要点: 移植可在落叶后或早春萌芽前进行，大苗需要带土球。定植时穴内施足基肥，适当修剪。生长旺期保持土壤湿润，施肥2～3次。生长期及时去除根部萌蘖，冬季修剪过密枝、细弱枝、病虫枝、重叠枝。每3～5年从老枝根部重剪疏除，促进更新。常用播种、嫁接、分株法繁殖。

适生地区: 我国华北、西北、东北、西南等地区均可栽培应用。

园林应用: 本种春季白花满树，夏秋季红果累累，适宜配植于庭院、草坪等处，或植于常绿树背景前。

032

贴梗海棠

学名： *Chaenomeles speciosa*

别名： 皱皮木瓜、铁角海棠

科属： 蔷薇科木瓜属

形态特征： 落叶灌木，高达2米。枝干丛生，有刺。叶椭圆形至长卵形，缘有尖锐锯齿，托叶膨大呈肾形至半圆形，缘有尖锐重锯齿。花3~5朵簇生于2年生枝上，先花后叶或与叶同放，朱红或粉红色，稀白色。梨果卵形或球形，黄色而有香气，几无梗。花期3~4月，果期10月。

产地： 原产于我国西南及长江流域各省区。

习性： 喜温暖湿润气候，喜光，稍耐阴，较耐寒，不耐水淹。不择土壤，但以肥沃深厚、排水良好的土壤为宜。

栽培要点： 移植可在落叶后或早春萌芽前进行。生长期需控制肥水，有利于着花。花后营养消耗过大，需施肥1次，秋季需追肥，利于来年枝繁叶茂。生长期可适当疏剪过密枝条，短截1年生枝条，控制其向上生长，有利于基部花芽萌发。每年冬季适当修剪枯枝、弱枝、干扰枝，保持树形整齐美观。可用扦插、分株、压条、嫁接法繁殖。

适生地区： 我国华北、西南、华南及长江流域省区均可栽培应用。

园林应用： 本种春季叶前开花，花色姣妍，秋季果实硕大，颇为诱人。最适配置于古典园林、庭院或丛植于草坪、林缘、池畔等处。

033

日本贴梗海棠

学名: *Chaenomeles japonica*

别名: 倭海棠、日本木瓜

科属: 蔷薇科木瓜属

形态特征: 落叶矮灌木,高不及1米;枝条开展,有刺,小枝粗糙,有疣状突起。叶倒卵形至匙形,背面无毛,叶缘锯齿圆钝。花3~5朵簇生,橘红色。果近球形,径3~4厘米,熟时黄色。花期4~5月,果期9~10月。

产地: 原产于日本。

习性: 喜温暖湿润气候,喜光,稍耐阴,较耐寒,不耐水淹。不择土壤,但以肥沃深厚、排水良好的土壤为宜。

栽培要点: 移植可在落叶后或早春萌芽前进行,大苗需带土球。生长期适当扣水控肥,有利于花芽萌发。花后营养消耗较大,需施肥1次,秋季需追施有机肥。生长期可适当疏剪过密枝条,短截1年生枝条,控制其向上生长,有利于基部花芽萌发。每年冬季适当修剪枯枝、弱枝、干扰枝,保持树形整齐美观。每1~2年可重剪植株,留粗去细,以促进更新。可用扦插、分株、压条、嫁接法繁殖。

适生地区: 我国华北、长江流域及华南各地广泛栽培。

园林应用: 本种花色红艳,果实芳香诱人,宜丛植、片植丛植于庭园、草坪、林缘、池畔等处,亦可做花篱、刺篱应用。

034

平枝栒子

学名: *Cotoneaster horizontalis*

别名: 铺地蜈蚣

科属: 蔷薇科栒子属

形态特征: 常绿或半常绿灌木，高约0.5米。枝水平开展成整齐2列。叶小，厚革质，近卵形或倒卵形，先端急尖，表面暗绿色，无毛，背面疏生平贴细毛。花小，无柄，粉红色，径约5~7毫米。果近球形，径4~6毫米，鲜红色，经冬不落。花期5~6月，果期9~10月。

产地: 原产于我国陕西、甘肃、湖南、湖北、四川、云南、贵州等省。

习性: 喜湿凉干燥环境，喜光，也稍耐阴，亦较耐寒，不耐涝。耐土壤干燥瘠薄，但以疏松肥沃、排水良好的沙质土壤为宜。

栽培要点: 忌湿热和水涝环境，栽培宜选择排水良好高燥坡地，移植以早春为宜，大苗需带土球。定植前施足基肥，浇水养护。生长期每月施肥1~2次，开花前施磷钾肥2~3次。冬季适当修剪掉枯枝、冗杂枝条，保持株形美观。可用播种、扦插等法繁殖。

适生地区: 我国西南、华北及长江流域可栽培应用。

园林应用: 本种叶小而稠密，花密集枝头，秋季叶色红亮，果实累累，最宜植于假山岩石、林缘斜坡，墙垣角落，十分自然得体。

035

白鹃梅

学名: *Exochorda racemosa*

别名: 茧子花、金瓜果

科属: 蔷薇科白鹃梅属

形态特征: 落叶灌木,高可达3~5米,全株无毛。单叶互生,长椭圆形至长圆状倒卵形,长4~7厘米,宽1.5~4厘米,先端圆钝,基部楔形,全缘叶,两面无毛,叶柄极短,叶背面灰白色。顶生总状花序,具花6~10朵,花白色,径约4厘米。蒴果,倒圆锥形,具5棱脊。花期4月,果期8~9月。

产地: 原产于我国江苏、浙江、湖南、湖北等省。

习性: 喜温暖湿润、阳光充足环境,喜光,稍耐阴,较耐寒。喜深厚肥沃湿润土壤,也耐干旱瘠薄。

栽培要点: 移植可在秋季落叶后或早春萌芽前进行,小苗可裸根移植,大苗需带土球。生长期保持土壤湿润,注意排水顺畅,施肥 2~3次。注意短截修剪,促生侧枝,保持灌丛圆整。每年冬季适当修剪枯枝、弱枝、十扰枝。每3~5年可重剪更新。常用播种、扦插、嫁接法繁殖。

适生地区: 我国长江流域、华北、西南地区可栽培应用。

园林应用: 白鹃梅春季白花似雪,清丽动人,宜配植于草地边缘或山石旁,也可丛植于桥畔,亭前。

036

棘棠

学名： *Kerria japonica*

别名： 地棠、黄棘棠、棘棠花

科属： 蔷薇科棘棠花属

形态特征： 落叶灌木，高达2米，冠幅约2米；小枝绿色，光滑、有棱。单叶互生，卵形或卵状椭圆形，缘具重齿。花单瓣，黄色，单生于侧枝端，花径3.0～4.5厘米。瘦果5～8枚，离生。花期4～5月。常见栽培品种重瓣棘棠*K. joponica* 'Pleniflora'。

产地： 原产于我国河南、陕西、甘肃、湖南、四川、云南等省。

习性： 喜温暖湿润气候，喜光，稍耐阴，耐寒性不强。喜深厚肥沃、排水良好的疏松土壤。

栽培要点： 移植可早春萌芽前进行，小苗可裸根移植，大苗需带土球。定植后适当修剪，除去枯枝老枝。生长期保持土壤湿润，每月施肥 1～2次。每年冬季适当修剪枯枝、弱枝、干扰枝。3～5年可重剪更新。常用播种、扦插、分株法繁殖。

适生地区： 我国黄河流域至华南、西南等省区均可栽培应用。

园林应用： 棘棠枝叶繁茂，花时黄色花朵，醒目诱人。在园林中可用作花篱，或丛植于草坪、角隅、路边、林缘、假山旁。

037

扁核木

学名： *Prinsepia utilis*

别名： 青刺尖，狗奶子、阿那斯、鸡蛋果

科属： 蔷薇科扁核木属

形态特征： 落叶灌木，株高1～5米。老枝灰绿色，小枝圆柱形，绿色或带灰绿色。叶片长圆形或卵状披针形，称端急尖或渐尖，基部宽楔形或近圆形，全缘或有浅锯齿。花多数成总状花序，生于叶腋或生于枝刺顶端。花瓣白色或黄色。核果长圆形或倒卵长圆形，暗红色、紫褐色或黑紫色。花期4～5月，果期8～9月。

产地： 产于我国云南、贵州、四川、西藏等地，东南亚也有分布。

习性： 喜光，稍耐阴，耐寒，深根性，耐干旱瘠薄，忌水湿，以深厚肥沃的土壤上生长较好。

栽培要点： 移植可早春萌芽前进行，小苗可裸根移植，大苗需带土球。生长期保持土壤湿润，注意排水顺畅，每月施肥 1～2次。每年冬季适当修剪枯枝、弱枝、干扰枝。3～5年可重剪更新。常用扦插、分株、播种法繁殖。

适生地区： 我国华北、西北、西南、华中、华东等地。

园林应用： 扁核木枝繁叶茂，果实红艳可爱，适合配置于庭园、假山、草坪或林缘等处种植。

038

鸡麻

学名: *Rhodotypos scandens*

别名: 白棣棠

科属: 蔷薇科鸡麻属

形态特征: 落叶灌木,高达3米。老枝紫褐色,小枝细长开展,初绿色,后变浅褐色。单叶对生,叶卵形或椭圆状卵形,边缘有尖锐重钝齿,端锐尖,基圆形,表面皱。花纯白色,单生枝顶,花瓣及花萼均为4片。核果4,倒卵形,黑色有光泽。花期4~5月,果期7~8月。

产地: 产于我国辽宁、山东、河南、陕西、甘肃、安徽等省。

习性: 喜温暖湿润的环境,喜光,耐半阴,较耐寒,不耐涝,耐修剪。适生于深厚肥沃、排水良好的沙质壤土。

栽培要点: 移植可秋季落叶后或早春萌芽前进行,小苗可裸根移植,大苗需带土球。选择阳光充足,排水顺畅之缓坡地种植,定植后适当修剪,除去枯枝老枝。生长期管理粗放。每年冬季适当修剪弱枝、干扰枝。3~5年可重剪更新。常用分株、播种、扦插法繁殖。

适生地区: 我国东北、华北、西北及长江流域省区可栽培应用。

园林应用: 鸡麻开花清秀美丽,适宜丛植草地、路缘、角隅或池边,亦可配植于山石旁。

039

现代月季

学名: *Rosa hybrida*

科属: 蔷薇科蔷薇属

别名: 长春花、现代月季

形态特征: 常绿或半常绿灌木,高达2米。小枝具钩状皮刺。无毛。奇数羽状复叶,小叶3~5枚,卵状椭圆形。花常数朵簇生,微香,单瓣或重瓣,花色极多,有红、黄、白、粉、紫及复色等。果卵形,红色。花期几乎全年。

产地: 园艺种。

习性: 喜温暖、湿润气候,喜光,较耐寒,适应性强。栽培以肥沃疏松之微酸性沙质土壤为宜。

栽培要点: 移植可在春秋冬季,夏季不宜,小苗多带宿土,大苗需带土球。定植时穴内施足基肥,生长季保持土壤湿润,开花期施用磷钾肥2~3次。花后可重剪枝条,并适时追肥,可保一年四季开花不绝。除以休眠期修剪外,生长期还应注意摘芽、剪除残花枝,嫁接苗要及时剪除砧木萌蘖。以嫁接,扦插繁殖为主。

适生地区: 我国长江流域、西南、华南等地区露地栽培,华北地区需要灌水、重剪并堆土保护越冬。

园林应用: 月季品种繁多,花色娇艳,芳香馥郁,为风靡世界木本观赏植物。可种于花坛、花境、草坪角隅,墙垣篱笆等处,也可布置成月季专类园。

040

缫丝花

学名: *Rosa roxburghii*

别名: 刺梨、木梨子

科属: 蔷薇科蔷薇属

形态特征: 落叶或半常绿灌木，高约2.5米。树皮成片脱落；小枝常有成对皮刺。小叶9～15枚，有时7枚，常为椭圆形，顶端急尖或钝，基部宽楔形，边缘有细锐锯齿，两面无毛；叶柄、叶轴疏生小皮刺；托叶大部和叶柄合生。花1～2朵，淡红色或粉红色，重瓣，微芳香。果扁球形，外面密生刺。花期5～7月。

产地: 原产于我国江西、湖北、广东、四川、贵州、云南等省。

习性: 喜温暖湿润和阳光充足的环境，较耐寒，稍耐阴。栽培以疏松肥沃、排水良好的酸性沙质壤土为宜。

栽培要点: 移植可在早春进行，选择阳光充足，排水顺畅之地种植。生长期保证充足肥水，早春至初夏，每月施肥1次。注意适当疏剪和除去弯贴地面的枝条，以利通风透光。生长过程中基部及主干是易发徒长枝，次年能萌发短花枝，并开花结果。可用播种、扦插等法繁殖。

适生地区: 我国长江流域及西南地区可栽培应用。

园林应用: 本种花色粉红，略有芳香，果黄色可食用，适宜丛植于坡地、路旁，亦可植于庭院，观花赏果皆宜。

041

玫瑰

学名: *Rosa rugosa*

别名: 刺玫花、徘徊花、情人花

科属: 蔷薇科蔷薇属

形态特征: 落叶直立灌木, 高达2米; 茎枝灰褐色, 密生皮刺及刚毛。奇数羽状复叶, 小叶5～9枚, 椭圆形至倒卵状椭圆形, 锯齿钝, 叶质厚, 叶面皱褶, 背面有柔毛及刺毛。花单生或3～6朵集生, 常为紫红色, 芳香。果扁球形。花期5～8月, 果期9～10月。

产地: 原产于我国华北、西北、西南等地区。

习性: 喜凉爽通风、阳光充足环境, 阴处生长不良开花少。耐寒, 耐旱, 忌水涝及土壤黏重。萌蘖性强, 生长迅速。喜疏松肥沃、排水良好的微酸性砂壤土。

栽培要点: 移栽宜在秋季落叶后进行。生长期保持土壤湿润, 排水顺畅, 每月施肥1～2次。开花期注意及时摘花疏蕾, 可促一年多次开花。秋季落叶后挖穴施足基肥, 适当修剪过多分蘖, 调整株形。5～6年株丛衰老, 可于根部重剪老枝, 促其更新。常用分株、扦插、嫁接法繁殖。

适生地区: 全国各地都有栽培, 以山东、广东、江苏、浙江最普遍。

园林应用: 玫瑰花色艳丽, 芳香浓郁, 是著名的芳香花木。也可丛植于草坪、路旁、坡地、林缘等处。

042

黄刺玫

学名： *Rosa xanthina*

别名： 刺玫花、黄刺莓、破皮刺玫、刺玫花

科属： 蔷薇科蔷薇属

形态特征： 落叶灌木，高达3米。小枝褐色或褐红色，具硬直扁刺。奇数羽状复叶，小叶常7～13枚，近圆形或椭圆形，边缘有锯齿。花单生，黄色，单瓣或半重瓣，无苞片。果球形，红黄色。花期5～6月，果期7～8月。栽培的变种有单瓣黄刺玫R. xanthina var. normalis。

产地： 产于我国东北、华北、西北地区。

习性： 喜光，稍耐阴，耐寒力强。耐干旱瘠薄，不耐水涝。对土壤要求不严，在盐碱土中也能生长。

栽培要点： 移植可在早春萌芽前进行，需带土球，定植时穴内施足基肥，栽后重剪，浇透水，便可成活。生长期视干旱情况及时浇水，开花前施磷钾肥1～2次。雨季要注意排水防涝，霜冻前灌1次防冻水。花后要进行修剪，去掉残花及枯枝，并适当追肥。冬季剪除老枝、枯枝及过密细弱枝，对1～2年生枝应尽量少短剪，以免减少花数。可用分株、扦插、压条法繁殖。

适生地区： 我国华北、东北地区分布最广，现全国各地广泛栽培。

园林应用： 黄刺玫花色金黄，花期较长，是北方地区主要的早春花灌木，多在草坪、林缘、路边丛植，开花时金黄一片，蔚为壮观。

单瓣黄刺玫

043

华北珍珠梅

学名: *Sorbaria kirilowii*

别名: 吉氏珍珠梅、珍珠梅

科属: 蔷薇科珍珠梅属

形态特征: 落叶丛生灌木,高可达3米。羽状复叶,有小叶13~21枚,披针形至长圆状披针形,先端渐尖,稀尾尖,基部圆形至宽楔形,边缘有尖锐重锯齿。顶生圆锥花序长15~20厘米,花小白色,蕾时如珍珠;雄蕊20厘米,与花瓣等长或稍短。蓇葖果长圆形,果梗直立。花期6~7月,果期9~10月。

产地: 原产于我国华北地区。

习性: 喜光,较耐阴,耐寒,不耐旱、涝。生长快,萌蘖性强,耐修剪。对土壤要求不严,但以肥沃疏松、排水良好的沙质土壤为宜。

栽培要点: 移植可在春、秋季或梅雨季节。生长期保持土壤湿润,每月施用肥料1次,开花前增施磷钾肥。花后若不留种,可及时剪除衰败花序,减少营养消耗。冬季适当修剪病虫枝、老弱枝、过密枝。每3~5年重剪以促植株更新。可用分株、扦插、播种等法繁殖。

适生地区: 我国华北、西北、华中、华东等地。

园林应用: 本种花叶秀丽,花期长,是夏季少花季节优良花灌木,可丛植于草坪、林缘、墙边、水际,也可作下木或在建筑物背阴处栽植。

044

珍珠梅

学名： *Sorbaria sorbifolia*

别名： 东北珍珠梅

科属： 蔷薇科珍珠梅属

形态特征： 落叶灌木，株高可达2米。羽状复叶，小叶片11～17枚，小叶对生，披针形至卵状披针形，先端渐尖，稀尾尖，基部近圆形或宽楔形，稀偏斜，边缘有尖锐重锯齿。顶生大型密集圆锥花序，小花白色，雄蕊40～50厘米，其长度为花瓣长的1.5～2倍。花期7～8月，果期9月。

产地： 原产于我国东北、内蒙古等省区，俄罗斯、朝鲜、日本及蒙古也有分布。

习性： 喜光，较耐阴，耐寒性强，不耐旱、涝。生长快，萌蘖性强，耐修剪。对土壤要求不严，但以肥沃湿润、排水良好的沙质土壤为宜。

栽培要点： 同华北珍珠梅。

适生地区： 我国东北、华北、西北、华中、华东等地区。

园林应用： 同华北珍珠梅。

• 金焰绣线菊

• 金焰绣线菊

045

金山绣线菊

学名： *Spiraea bumalda* 'Gold Mound'

科属： 蔷薇科绣线菊属

形态特征： 落叶小灌木，高达30～60厘米，冠幅可达60～90厘米。老枝褐色，新枝黄色，枝条呈折线状，不通直，柔软。叶卵状，互生，叶缘有锯齿。3月上旬萌芽，新叶金黄，老叶黄色，夏季黄绿色。8月中旬叶色转金黄，10月中旬后，叶色带红晕，12月初开始落叶。色叶期5个月。花蕾及花均为粉红色，10～35朵聚成复伞形花序。花期5月中旬至10月中旬，观花期5个月。同属常见的栽培种尚有金焰绣线菊*S. bumalda* 'Gold Flame'。

产地： 原产于美国。

习性： 喜温暖湿润气候，喜光，稍耐阴，耐寒，耐旱，生长快，易成形。栽培以深厚肥沃、排水良好的沙质壤土为宜。

栽培要点： 选择阳光充足、地势较高处种植，光线不足处，则金叶变绿，观赏价值降低。生长期注意保持土壤湿润，开花前施用复合肥，可促枝繁叶茂，花后适当追肥。秋季落叶后或春季萌动前，苗近基部处重剪，促使其多分枝，使枝条整齐粗壮，保证花繁色艳。生长较快，每3～5年可分株1次。

适生地区： 我国华北、西南、华南及长江流域各省区可栽培应用。

园林应用： 本种春季萌动后，新叶金黄明亮，株形丰满呈半圆形，为优良的彩色地被。可配置于草坪、路边及林缘，或点缀假山岩石，也可片植作色块应用。

046

单瓣笑靥花

学名: *Spiraea prunifolia* var. simpliciflora

别名: 单瓣李叶绣线菊

科属: 蔷薇科绣线菊属

形态特征: 落叶灌木，高达3米。枝细长而有角楞。叶小，椭圆形至卵形，叶缘中部以上有锐锯齿，叶背有细短柔毛或光滑。伞形花序，无总梗，具花3～6朵；花白色，单瓣，萼筒钟状。花期3～4月，果期4～7月。

产地: 产于我国湖北、湖南、江苏、浙江、江西及福建等省。

习性: 喜光，稍耐阴，耐寒，耐旱，耐瘠薄，亦耐湿。萌蘖性、萌芽力强，耐修剪。对土壤要求不严，但在肥沃湿润土壤中生长最佳。

栽培要点: 移植宜在冬季落叶后进行，需带土球。生长期保持土壤湿润，施肥1～2次。花后轻度修剪，除去过密枝、细弱枝。每2～3年可在休眠期重剪，以促使植株更新，并挖穴施入有机肥。可用播种、扦插、分株等法繁殖。

适生地区: 我国华北、西南及长江流域省区可栽培应用。

园林应用: 本种早春开花，花色洁白，繁密似雪。可丛植于池畔、山坡、路旁或林缘，也可成片群植于草坪及深色建筑物角隅。

047

粉花绣线菊

学名: *Spiraea japonica*

别名: 日本绣线菊

科属: 蔷薇科绣线菊属

形态特征: 落叶灌木，高1.5米。枝开展，小枝光滑或幼时有细毛。单叶互生，卵状披针形至披针形，先端尖，边缘具缺刻状重锯齿，叶面散生细毛，叶背略带白粉。复伞房花序，生于当年生枝端，花粉红色。蓇葖果，卵状椭圆形。花期6～7月，果期8～9月。

产地: 原产于日本。

习性: 喜光，稍耐阴；耐寒，耐瘠薄，耐旱，亦耐湿；萌蘖性强，耐修剪。栽培以肥沃湿润的沙质壤土为佳。

栽培要点: 移植宜在冬季落叶后进行，需带土球。生长期保持土壤湿润，施肥1～2次。花后轻度修剪，除去过密枝、细弱枝，若不留种，及时除去残花。每2～3年可在休眠期重剪，以促植株更新，并挖穴施入有机肥。可用播种、扦插、分株等法繁殖。

适生地区: 我国长江流域、华南、西南等地区可栽培。

园林应用: 粉花绣线菊花色娇艳，甚为醒目，且在春末夏初少花季节开放，值得推广。可片植于草坪、池畔、花径等处，或丛植于假山岩石、庭园一隅。

茜草科 **Rubiaceae**

048

野丁香

学名: *Leptodermis potanini*

科属: 茜草科野丁香属

形态特征: 落叶灌木,高0.5~2米或过之。叶疏生或稍密挤,较薄,卵形或披针形,有时长圆形或椭圆形,或阔长圆形,顶端钝至近圆,有短尖头,基部楔形,全缘。聚伞花序顶生,3花,极少退化至1或2花,花冠漏斗形,花冠裂片5或6,镊合状排列。蒴果。花期5月,果期秋冬。

产地: 我国特有,产于陕西、湖北、四川及贵州、云南。生于海拔800~2400米的山坡灌丛中。

习性: 性喜温暖及阳光充足的环境,耐寒、耐瘠、较耐热。不择土壤。

栽培要点: 对栽培环境要求不高,定植时最好选择肥沃、湿润的沙质壤土,过于黏重土壤生长不良。栽前种施足基肥,以利植株生根发棵。生长期保持土壤湿润,天气干旱及时补水。苗期每月施1次速效肥,成株一般不用施肥。繁殖多采用扦插或播种法。

适生地区: 我国长江流域及以南地区。

园林应用: 本种易栽培,耐修剪,适于园路边、庭园等栽培观赏。

木犀科 **Oleaceae**

049

迎春

学名: *Jasminum nudiflorum*

别名: 金腰带、金梅、小黄花

科属: 木犀科素馨属

形态特征: 落叶灌木,高可达5米。小枝细长拱形,绿色,4棱。三出复叶对生,小枝基部常具单叶,小叶卵形、长卵形或椭圆形,狭椭圆形,稀倒卵形,先端锐尖或钝,基部楔形。花先叶开放,黄色,单生,花冠通常6裂。花期3~5月。

产地: 原产于我国华北、西北及西南省区。

习性: 喜温暖湿润气候,喜光,稍耐阴;较耐寒;耐旱,怕涝。对土壤要求不严,但以肥沃湿润的沙质壤土为佳。

栽培要点: 移植宜在冬季落叶后进行,需多带宿土。枝端接触地面,易生根,故幼时需适当扶植,使其向上生长。生长期保持土壤湿润,不能积水,开花前后施肥1~2次。每2~3年可在休眠期重剪,以促植株更新。可用扦插、压条、

分株等法繁殖。

适生地区: 我国华北、西北、西南及长江流域省区可栽培。

园林应用: 迎春花开先于萌叶。可配植于池畔、林缘、斜坡,或植于假山岩石高处,花时金色蔓条悬挂而下,颇具野趣。

050

连翘

学名： *Forsythia suspensa*

别名： 绶丹、黄寿丹、黄金条

科属： 木犀科连翘属

形态特征： 落叶灌木，高可达3米，基部丛生，枝条拱形下垂。单叶或3小叶，对生，卵形或椭圆状卵形，先端锐尖，基部圆形、宽楔 形至楔形。花先叶开放，一至数朵，腋生，金黄色，蒴果卵球形。花期4～5月，果期5～7月。

产地： 分布于我国北部地区，主产于河北、山西、河南、陕西、湖北、四川等省。

习性： 喜温暖、湿润的环境。喜光、耐寒、耐干旱贫瘠、怕涝。对土壤要求不严，适合深厚肥沃微碱性土壤。

栽培要点： 可扦插、播种、分株繁殖，扦插于2～3月进行，播种在秋季10月采种后，经湿砂层积于翌年2～3月条播。苗木移栽宜选向阳而排水良好的肥沃土壤，生长期每月施肥1次，有机肥或复合肥均可。每年花后剪除枯枝、弱枝叶及过密、过老枝条。

适生地区： 我国除华南、华东南部及西南南部温度较高地区外均可栽培。

园林应用： 连翘花色金黄，是早春优良的观花树种。适宜植于公园、小区、庭院等处的溪边、池畔及假山石边，也可植成花篱观赏。

051

什锦丁香

学名： *Syringa chinensis*

科属： 木犀科丁香属

形态特征： 什锦丁香为红丁香和花叶丁香的杂交种。落叶灌木，株高3~6米，枝条灰褐色。叶片卵状披针形，先端锐尖至渐尖，基部楔形至近圆形。圆锥花序直立，由侧芽抽生，淡紫色或粉红色，具香气。花期5月。栽培的同属植物有波斯丁香*S. persica*，裂叶丁香*S. laciniata*。

产地： 原产于欧洲。

习性： 喜温暖、湿润气候环境，喜光、耐寒，怕涝，耐旱、耐瘠、不耐寒，对土壤要求不严，以排水良好肥沃土壤生长为宜。

栽培要点： 多用扦插及分株法繁殖。移植多于早春进行，植后浇透水，北方春季干旱，要及时补充水分。对肥料要求不高，生长季节施肥2~3次，以复合肥为主。忌过阴，以防开花不良。每年秋季可对植株适当修剪，花后宜及时剪除残枝。

适生地区： 我国华北、西北、东北、华中及华东北部等地。

园林应用： 什锦丁香花香浓郁，适合植于路边、草坪边缘、池畔或山石边欣赏，也适合在庭院种植。

波斯丁香

白丁香

052

华北紫丁香

学名: *Syringa oblata*

别名: 丁香、紫丁香、丁香花

科属: 木犀科丁香属

形态特征: 落叶小乔木或灌木，高可达4～5米。枝条粗壮，无毛。单叶对生，椭圆形或圆卵形，端锐尖，基部心脏形，薄革质或厚纸质，全缘。圆锥花序，花冠高脚蝶状，花暗紫堇色，具芳香，果实椭圆形。花期4～5月，果期8～10月。栽培变种有白丁香*S. oblata* var. *alba*。

产地: 产于我国华北地区，朝鲜半岛也有分布。

习性: 喜温暖、湿润及阳光充足的环境，稍耐阴、耐寒、耐旱、耐瘠、不耐寒、不耐涝。对土壤的要求不严，以肥沃、排水良好的土壤为佳。

栽培要点: 播种、扦插、嫁接、分株、压条繁殖。嫁接是繁殖的主要方法，多用小叶女贞作砧木。宜栽于土壤疏松而排水良好的向阳处，栽植后浇透水，以后每10天浇1次水。对肥料要求不高，花后应施些磷、钾肥及氮肥。春季萌动前进行修剪，主要剪除细弱枝、过密枝，并合理保留好更新枝。花后要剪除残留花穗。

适生地区: 我国华北、东北、西北、华东北部。

园林应用: 华北紫丁香习性强健，花香馥郁，是春季优良的观花灌木。适合庭院及建筑物前丛植，或散植于道路两旁。

053

欧洲丁香

学名： *Syringa vulgaris*

别名： 欧丁香、洋丁香

科属： 木犀科丁香属

形态特征： 落叶灌木或小乔木，株高5~7米。叶对生，近革质，卵形或长卵形，先端渐尖，基部心形，截形或宽楔形，全缘。圆锥花序常由上部侧芽发出，稀顶生，花紫色，白色或紫红色，芳香，花萼钟状，蒴果稍扁。花期4~5月，果期6~7月。

产地： 原产于欧洲东南部。

习性： 喜温暖湿润气候，耐寒、耐旱。对土壤要求不严，以排水良好肥沃土壤为宜。

栽培要点： 以播种、扦插繁殖为主，也可用嫁接、压条和分株繁殖。定植时疏松土壤，并施入适量有机肥，栽植后浇透水，保持土壤湿润，以利于发根。对肥料要求不高，花后应施些磷、钾肥及氮肥。春季萌动前进行修剪，后要剪除残留花穗。

适生地区： 我国长江流域。

园林应用： 可于庭院屋旁孤植、丛植，路边、草坪、角隅、林缘成片栽植，也可与其他乔灌木尤其是常绿树种配植。

虎耳草科 **Saxifragaceae**

054

溲疏

学名: *Deutzia scabra*

别名: 空疏

科属: 虎耳草科溲疏属

形态特征: 落叶灌木,高2~2.5米。树皮薄片状剥落。小枝中空,红褐色,幼时有星状柔毛。叶对生,长卵状椭圆形,缘有细锯齿。直立圆锥花序,花白色或外面略带红晕,花瓣5枚。蒴果近球形,顶端平截。花期5~6月,果期8~9月。常见栽培的同属品种有白重瓣溲疏*D.crenata* 'Candidissima'。

产地: 原产于我国江苏、安徽、江西、湖北、贵州等地区。

习性: 喜温暖湿润气候,喜光,稍耐阴,较耐寒且耐旱,萌蘖性强,耐修建。对土壤要求不高,但以肥沃湿润的沙质壤土为佳。

栽培要点: 移栽可在冬季落叶后或春季萌芽前,幼苗生长缓慢。生长期保持土壤湿润,每月施肥1~2次,花前多施磷钾肥。花后及时除去残花,减少营养消耗。每年冬季或早春修剪枯枝老枝及冗杂枝条,可促翌年生长旺盛。可用扦插、播种、压条、分株法繁殖。

适生地区: 我国华北、西南及长江流域各省区可栽培。

园林应用: 溲疏夏季开白花,繁密而素雅,花期又长。宜植于草坪、山坡、路旁及林缘和岩石园,也可作花篱栽植。

055

圆锥绣球

学名: *Hydrangea paniculata*

别名: 水亚木

科属: 虎耳草科绣球花属

形态特征: 落叶灌木,高2~3米。小枝紫褐色,略呈方形。叶对生,在上部有时三叶轮生,叶卵形或长椭圆形,先端渐尖,基部楔形,缘有锯齿。圆锥花序顶生,长10~20厘米,可育两性,花小,白色,不育花大形,仅具4枚花瓣状萼片,全缘,白色,后渐变淡紫色。花期8~9月。

产地: 原产于我国长江流域。

习性: 喜温暖湿润及半阴的环境,不耐寒,怕干旱及水涝。栽培以疏松肥沃、排水良好的沙质壤土为宜。

栽培要点: 移植可在冬季落叶后或早春萌芽前进行。待早春萌发后,注意浇水。6月花期前施足磷钾肥。若夏季光线过强,需适当遮阴。花后及时除去花茎,减少营养消耗。每年冬季适当修剪老枝、冗杂枝,保持株形美观。可用扦插、压条、分株等法繁殖。

适生地区: 我国华东、西南、华南及长江流域各省区可栽培应用。

园林应用: 圆锥绣球花序硕大,花期又长,为优良耐阴下木,最宜丛植或片植于林下、池畔、路旁或建筑物阴面。

056

太平花

学名: *Philadelphus pekinensis*

别名: 太平瑞圣花、京山梅花

科属: 虎耳草科山梅花属

形态特征: 落叶灌木,高1~2米。叶卵形或阔椭圆形,先端长渐尖,基部阔楔形或楔形,边缘具锯齿,稀近全缘。总状花序有花5~7 (9) 朵;花瓣白色,倒卵形。蒴果近球形或倒圆锥形。花期5~7月,果期8~10月。

产地: 产于我国内蒙古、辽宁、河北、河南、山西、陕西、湖北。生于海拔700~900米山坡杂木林中或灌丛中。朝鲜亦有分布。

习性: 喜光照,耐寒,耐瘠,不耐暑热,喜肥沃及排水良好的土壤。

栽培要点: 定植时选择向阳而排水良好之处,并挖好定植穴并施入有机肥。定植后保持基质湿润,以防植株失水死亡。进入生长期后,每月施1次复合肥,以平衡肥为主,苗期可适量增加氮肥用量,可使植株快速生长,但氮肥过量易徒长。对水分要求不高,一般不用补水。小枝易枯,可及时修剪并摘除残花,以保证株形美观。繁殖多采用播种、分株、压条、扦插法。

适生地区: 我国长江流域及以北地区。

园林应用: 太平花枝叶茂密,具清香,颇为美丽。适合丛植于草坪、林缘、园路边或建筑物前观赏。

057

云南山梅花

学名: *Philadelphus delavayi*

别名: 西南山梅花

科属: 虎耳草科山梅花属

形态特征: 落叶灌木,高2~4米。叶长圆状披针形或卵状披针形,先端渐尖,稀急尖,基部圆形或楔形,边缘具细锯齿或近全缘。总状花序有花5~9(21)朵,呈聚伞状或总状排列,花瓣白色,近圆形或阔倒卵形。蒴果倒卵形。花期6~8月,果期9~11月。

产地: 产于我国四川、云南和西藏。生于海拔700~3800米林中或林缘。缅甸亦产。

习性: 喜温暖及阳光充足的环境,耐寒、耐瘠,对土壤要求不严。

栽培要点: 定植时选择向阳地块,且应排水良好,定植穴内施入有机肥。定植后保持基质湿润,以防植株失水死亡。进入生长期后,每月施1~2次平衡肥,忌氮肥过量,以防植株徒长。因花开于去年生枝条上,修剪应在花后进行。繁殖可压条、分蘖、扦插法。

适生地区: 我国长江流域以南地区。

园林应用: 本种花洁白美丽,适合丛植、片植于草坪、坡地、园路边或林缘等地,也可植于建筑物周围观赏。

058

刺果茶藨子

学名: *Ribes burejense*

别名: 刺李子、刺儿李、刺梨、刺果蔓茶藨

科属: 虎耳草科茶藨子属

形态特征: 落叶灌木,高1~1.5米;枝灰色褐色,密生长短不等的各种细针刺。单叶互生或簇生,掌状3~5裂,基部心形,裂片边缘具圆齿。花淡粉红色,1~2朵簇生。浆果圆形,径约1厘米,黄绿色,成熟后变紫黑色,具多数黄色细针刺,萼裂片宿存。花期5月,果期7~8月。

产地: 原产于我国东北长白山区、小兴安岭及华北高山地。

习性: 喜温和凉爽、阳光充足环境,稍耐阴,耐寒性强,不耐高温,超过30℃生长不利。喜湿润,对水分要求严。栽培以深厚肥沃、排水良好的沙质壤土为宜。

栽培要点: 移栽可在秋季落叶后或早春萌芽前进行,小苗多带宿土,大苗需带土球。生长期注意保持土壤湿润,每月施肥1~2次,花后增施磷钾肥,秋后沟施有机肥越冬。冬季适当修剪细弱枝、病虫枝,调整树形使枝条分布均匀,可促来年枝繁叶茂。3~5年生长后,可重剪枝干,以促更新复壮。可用扦插、压条、播种等法繁殖。

适生地区: 我国东北、华北及西北地区可栽培。

园林应用: 本种花芳香美丽,果实如刺球,可供观赏。园林中可配置于假山岩石或林缘,亦可栽培作刺篱。

059

美丽茶藨子

学名： *Ribes pulchellum*

别名： 小叶茶藨子、碟花茶藨子

科属： 虎耳草科茶藨子属

形态特征： 落叶灌木，高1~1.5米。小枝褐色，被短柔毛，老枝灰褐色，稍剥裂，节上有1对刺。叶近圆形或宽卵形，3深裂，裂片先端尖，基部圆形、截形或微心形，边缘具锯齿。总状花序生短枝上；花单性，雌雄异株，淡红色。浆果近圆形，无毛。花期6月，果期8月。

产地： 原产于我国青海、内蒙古、甘肃、山西、河北等省区。

习性： 喜温和凉爽气候，喜光，稍耐阴，耐寒性强，不耐高温，超过30℃生长不利。喜湿润，对水分要求高。栽培以深厚肥沃、富含腐殖质的壤土为宜。

栽培要点： 移栽可在秋季落叶后或早春萌芽前进行，小苗多带宿土，大苗需带土球。生长期注意保持土壤湿润，每月施肥1~2次，花后增施磷钾肥，秋后沟施有机肥越冬。生长期及时除去根际萌蘖，冬季适当修剪细弱枝、病虫枝、多余枝，调整树形，可促来年花繁叶茂。3~5年生长后，可重剪枝干，以促更新复壮。可用扦插、压条、播种等法繁殖。

适生地区： 我国东北、华北及西北地区可栽培应用。

园林应用： 本种花芳香美丽，果实可食用，可庭院栽培观赏。园林中可配置于假山岩石，颇具野趣。

茄科 **Solanaceae**

060

宁夏枸杞

学名: *Lycium barbarum*

别名: 西枸杞、中宁枸杞

科属: 茄科枸杞属

形态特征: 落叶大灌木,高2~4米;分枝细密,外皮灰白色。叶在长枝下半部常2~3片簇生,形大,在短枝或长枝顶端上为互生,形小;叶披针形或长椭圆状披针形,先端渐尖,基部楔形而略下延,全缘,披蜡质。花冠漏斗状,紫红色,单生或2朵生于长枝上部叶腋。浆果倒卵形,橘红色。花期5~10月,果期6~10月。

产地: 产于我国西北地区,以宁夏最为著名。

习性: 喜冷凉湿润气候,喜光,耐寒、耐干旱、怕涝、耐盐碱,喜肥。栽培以湿润肥沃、排水良好的沙质土壤为宜。

栽培要点: 移栽可在春季进行,小苗多带宿土,大苗需带土球,种植穴内施足有机肥。生长期注意保持土壤湿润,每月施复合肥1~2次,花后增施磷钾肥,结果后每采1~2次果后,即灌水、追施速效肥或叶面喷肥1次。萌蘖性强,生长期及时剪除徒长枝条,冬季适当修剪细弱枝、病虫枝、多余枝,调整树形。可用扦插、播种法繁殖。

适生地区: 我国西北、华北及长江流域地区广泛栽培。

园林应用: 宁夏枸杞果实入药,滋补强身。可庭院栽培观赏,也可作为沙地造林树种。

梧桐科 | Sterculiaceae

061

非洲芙蓉

学名: *Dombeya calantha*

科属: 梧桐科吊芙蓉属

形态特征: 落叶或常绿灌木,株高2~6米。叶心形,较大,粗糙。花大型,由叶腋间帛生而出,粉红色,由20余朵小花构成悬重花球。花期冬春。

产地: 原产于马达加斯加和东非,现广泛栽培于热带区各地。

习性: 喜阳光充足及温暖的环境,在较阴的环境下也能良好生长。喜疏松、肥沃、排水良好的沙质土壤。

栽培要点: 扦插繁殖。该树种生长快速,可整形成小乔木。对水分要求不严,但在干热季节注意补充水分。对肥料要求不高,一般每个生长季节施肥2~3次,复合肥即可。可耐短时间低温,叶片遇低温呈现古铜色并落叶。而修剪,每年花后可重剪更新。

适生地区: 我国华南、西南南部、华东南部。

园林应用: 非洲芙蓉习性强健,花繁叶茂,适合林缘、路边种植观赏,也可配植于水岸边、山石旁或庭院绿化观赏。

瑞香科 **Thymelaeaceae**

062

结香

学名: *Edgeworthia chrysantha*

科属: 瑞香科结香属

别名: 黄瑞香、打结花、梦花、三桠皮

形态特征: 落叶灌木,高达2米;嫩枝有绢状柔毛,枝条粗壮柔软,棕红色,常呈3叉状分枝,有皮孔。叶纸质,互生,椭圆状长圆形或椭圆状披针形,常簇生枝顶,全缘。花黄色,多数,芳香,集成下垂的头状花序。核果卵形,状如蜂窝。花期3~4月,果期8月。

产地: 原产于我国长江流域以南各省及河南、陕西两省和西南地区。

习性: 喜温暖湿润、阳光充足环境,耐半阴,不耐寒。根肉质,怕水涝。在肥沃的排水良好的土壤中生长良好。

栽培要点: 移植可在冬季落叶后或早春萌芽前进行,小苗可裸根,大苗需带土球。生长期保持土壤潮湿,干旱易引起落叶,雨季要注意排水防涝。花后施氮肥1次,促长枝叶,入秋施磷钾肥1次,促花芽分化。根颈处易长蘖丛,需及时去萌蘖。成年植株应修剪老枝,以促更新。可用分株、扦插、压条法繁殖。

适生地区: 我国长江流域、华南、西南地区可栽培应用,但在华南等高温、高湿环境下生长不良。

园林应用: 结香柔枝长叶,姿态清逸,花多成簇,芳香四溢。适宜孤植、列植、丛植于庭前、道旁、墙隅、草坪中,或点缀于假山岩石旁。

马鞭草科 Verbenaceae

063

紫珠

学名: *Callicarpa bodinieri*

别名: 珠珠草

科属: 马鞭草科紫珠属

形态特征: 落叶灌木,株高1~2米。单叶对生,叶片倒卵形至椭圆形,边缘有细锯齿,两面仅脉上有毛,背面有红色腺点。聚伞花序腋生,具总梗,花多数,花蕾紫色或粉红色,花朵有白、粉红、淡紫等色。果实球形似珍珠、紫色。花期6~7月,果期8~10月。

产地: 原产于我国和日本,分布于长江流域及以南地区。常见栽培的同属植物有大叶紫珠 *C. macrophylla*。

习性: 喜温暖、湿润气候,喜光,也能耐半阴,不耐寒、不耐旱。喜深厚肥沃的土壤。

栽培要点: 扦插、播种繁殖。紫珠喜肥,栽培中应注意水肥管理,除春季定植时要施足腐熟的堆肥作基肥外,每年落叶后还要在根际周围开浅沟埋入腐熟的堆肥,并浇透水,春季萌芽前修剪掉老枝、枯枝。

适生地区: 我国长江流域及以南地区。

园林应用: 紫珠花果均具有较高的观赏价值,适合公园、绿地、小区及庭院美化,可丛植、片植,也适合与其他花灌木配植,是山石、池畔及路边绿化的优良材料。

● 大叶紫珠

● 大叶紫珠

● 大叶紫珠

064

杜虹花

学名: *Callicarpa formosana*

别名: 粗糠仔、毛将军

科属: 马鞭草科紫珠属

形态特征: 落叶灌木,株高1～3米。叶对生,叶片纸质,卵状椭圆形或椭圆形,先端渐尖,基部钝或圆形,边缘有细锯齿。聚伞花序腋生,花冠淡紫色,果实近球形,紫色。花期6～7月,果期9～11月。

产地: 原产于我国南方地区,菲律宾也有分布。

习性: 喜光,不耐寒、耐阴。对土壤要求不严,以排水良疏松肥沃土壤为佳。

栽培要点: 播种或扦插繁殖,播种多于春季进行,扦插可于春末夏初进行。栽培时疏松土壤,施入适量有机肥。成活后开始施肥,一年2～3次,也可于秋末冬初施1次有机肥。耐修剪,在春季萌动前进行,可将枯枝、过密枝及残留的果穗剪取。

适生地区: 我国长江流域以南地区。

园林应用: 杜虹花花色艳丽,果实小巧可爱,挂果时间极长。适合丛植、片植于公园、绿地、池畔、山石边欣赏,也是庭院一隅绿化的良好材料。

065

蒙古莸

学名: *Caryopteris mongholica*

别名: 白沙蒿、山狼毒、兰花茶

科属: 马鞭草科莸属

形态特征: 落叶小灌木,常自基部即分枝,高
0.3~1.5米。叶片厚纸质,线状披针形或线状长圆
形,全缘,很少有稀齿。聚伞花序腋生,花萼钟状;
花冠蓝紫色,5裂,下唇中裂片较长大,边缘流苏
状,雄蕊4枚与花柱均伸出花冠管外。蒴果椭圆状球
形。花果期8~10月。

产地: 产于我国河北、山西、陕西、内蒙古、甘肃。
生长在海拔1100~1250米的干旱坡地,沙丘荒野及
干旱碱质土壤上。蒙古也有分布。

习性: 喜温暖及阳光充足的环境,耐旱、耐瘠、耐盐
碱、不喜水湿。不择土壤。

栽培要点: 对地块要求不
高,一般稍肥沃的土壤均可良
好生长。定植时施入少量基
肥,并浇水保持土壤湿润。本
种较耐旱,定植成活后一般不
用浇水。对肥料要求不高,生
长期每年施肥2~3次,秋季
后施1次有机肥,有利于植株
抗寒越冬。落叶后进行修剪,
剪除过密枝、枯枝。繁殖采用
播种法。

适生地区: 长江流域及以北
地区。

园林应用: 本种抗性极佳,且
有一定观赏性,可用于庭园的路
边、坡地或墙垣边绿化观赏。

066

臭牡丹

学名： *Clerodendrum bungei*

别名： 矮桐子、大红袍、臭八宝

科属： 马鞭草科大青属

形态特征： 落叶灌木，高1～2米。叶对生，广卵形，先端尖，基部心形，或近于截形，边缘有锯齿而稍带波状，触之有臭气。顶生密集的头状聚伞花序，花冠淡红色或红色、紫色，有臭味，核果。花期7～8月，果期9～10月。

产地： 原产于我国华北、西北、西南等地区。生于海拔2500米以下的山坡、林缘或沟旁。

习性： 喜阳光充足和湿润环境，适应性强，耐寒、耐旱，也较耐阴。宜在肥沃、疏松的腐叶土中生长。

栽培要点： 主要用分株繁殖，也可用根插和播种繁殖，插后1～2周生根。播种，9～10月采种，冬季砂藏，翌春播种，播后2～3周发芽。生长期要控制根蘖扩展。保持土壤湿润，每年施肥2～3次。耐修剪，以保持株形美观，多于花后进行。

适生地区： 我国除东北地区外，其他大部分地区均可栽培。

园林应用： 臭牡丹生长繁茂，株型美观，花大色艳。适宜栽植于坡地、林下或树丛旁，也可作地被植物。

067

重瓣臭茉莉

臭茉莉

学名: *Clerodendrum philippinum*

别名: 白花臭牡丹

科属: 马鞭草科大青属

形态特征: 落叶灌木,株高50~120厘米。叶片宽卵形或近心形,揉之有臭味,顶端尖至渐尖,基部截形、心形或浅心形,边缘有粗或细齿,两面多少有糙毛。伞房状聚伞花序顶生,花有芳香,花冠粉红色或近白色,有香味,果近球形。花果期5~11月。栽培的变种有臭茉莉*C. fragyans* var. *simplex*。

产地: 分布于我国浙江南部、中南、西南等省区。

习性: 喜温暖、湿润半阴环境,不耐寒。以疏松肥沃的沙质壤土为佳。

栽培要点: 可采用根插、扦插及播种法繁殖,播种5周左右发芽,扦插2~3周生根。移植时带宿土,待新枝抽生后施肥,苗期每年施2~3次薄肥,并保持土壤湿润。成株后粗放管理,一般不用施肥及灌水。

适生地区: 我国华东、华中西南及华南地区。

园林应用: 重瓣臭茉莉枝叶舒展,花朵密集,适合草地、庭前、宅后、路边、坡地片植或丛植,也可在湖畔,水岸边与其他花灌木配植。

常绿灌木

爵床科 | Acanthaceae

068

虾蟆花

学名: *Acanthus mollis*

别名: 鸭嘴花

科属: 爵床科老鼠簕属

形态特征: 常绿直立亚灌木,丛生,株高50~90厘米。叶对生,羽状分裂或浅裂。花序穗状,顶生,苞片大,小花多数,白至褐红色,形似鸭嘴,花冠2唇,上唇极小而成单唇状,下唇大,伸展。蒴果。花期春季。

产地: 原产于欧洲南部、非洲北部和亚洲西南部亚热带地区。

习性: 喜湿暖、湿润及阳光充足环境,不耐热、不耐湿。喜生于肥沃、排水良好的沙质土壤中。

栽培要点: 用播种或分株繁殖。栽培土壤以肥沃深厚为宜,生长期间保持土壤湿润,盆土不可过干。喜肥,生长旺盛时期半月施肥1次,生长期以复合肥为主,花芽分化后增施磷、钾肥。花后及时清残花,并随时清理枯叶。

适生地区: 我国华南、华东南部及西南南部地区。

园林应用: 虾蟆花花形奇特,着花多,具有极高的观赏价值。适合墙边、角隅或路边栽培,也是庭院绿化的优良材料。

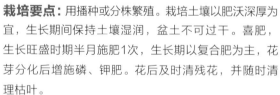

069

假杜鹃

学名: *Barleria cristata*

别名: 蓝钟花、洋杜鹃

科属: 爵床科假杜鹃属

形态特征: 常绿小灌木,株高1~2米。叶对生,纸质,全缘,椭圆形、长椭圆形或卵形,先端急尖,有时有渐尖头,基部楔形,下延。花在短枝上密集,花冠蓝紫色或白色,花冠2唇形,花冠管圆筒状,冠檐5裂。蒴果长圆形。花期11月至翌年3月。

产地: 产于我国华东、华南、西南等地区,印度及缅甸也有分布。

习性: 喜温暖、湿润及阳光充足的环境,耐热、不耐寒、耐阴。不择土壤。

栽培要点: 播种法繁殖,种子采后即播,也可嫩枝扦插繁殖,扦插于春秋剪取插穗,插后约2~3周能发根。栽培用土以混有泥炭的肥沃壤土为宜,保持土壤湿润,每1~2个月施次有机肥。花期过后应修剪,每年早春强剪,以促新枝萌发。

适生地区: 我国华南、华东及西南地区。

园林应用: 假杜鹃花姿清雅,易栽培,适合绿地、路边、林缘等绿化观赏,也可用于岩石园、水岸边绿化,极富野趣。

070

鸟尾花

•黄鸟尾花

学名： *Crossandra infundibuliformis*

别名： 半边黄、十字爵床

科属： 爵床科十字爵床属

形态特征： 植株矮性，株高20～40厘米。茎直立，多分枝。叶对生，阔披针形，全缘或波状缘。穗状花序生于枝顶，花橙色或橙红色，花期夏、秋季。栽培的同属种有黄鸟尾花 *C. nilotica*。

产地： 原产于印度、斯里兰卡。

习性： 喜高温、多湿及阳光充足环境，耐阴、喜光，但忌阳光直射。适宜排水良好、肥沃的沙质土壤。

栽培要点： 多以扦插或播种繁殖。移栽带宿土，栽培土壤以疏松肥沃为佳，花期每月施肥1次，有机肥或氮、磷、钾全效肥均可，保持充足水分，忌过于干旱。为保持株形，可适当摘心，花后将残花残枝剪除。

适生地区： 我国华南、华东及西南地区。

园林应用： 鸟尾花生性强健，花期长，极适合用于路边、草地边缘、水岸边及亭廊边绿化，也可用于花坛栽培。

071

珊瑚花

学名： *Cyrtanthera carnea*

别名： 串心花

科属： 爵床科珊瑚花属

形态特征： 多年生草本或半灌木。株高50~100厘米，茎4棱状。叶对生，长圆状卵形，具少量柔毛。圆锥花序顶生，花冠粉红色，有黏毛，形似珊瑚。蒴果。花期6~11月。

产地： 原产于巴西。现世界各地栽培广泛。

习性： 喜温暖、湿润和阳光充足环境，耐阴、怕强光暴晒。要求土壤肥沃、疏松。

栽培要点： 用扦插繁殖，春、秋季均可进行。生长期经常土壤湿润，但不宜过湿，否则易脱叶烂根。对肥料要求不高，每月施肥1次，花期增施磷、钾肥。花后要摘除残花，以免霉烂，影响美观。

适生地区： 我国华南、华东及西南地区。

园林应用： 珊瑚花花期长，观赏性佳，适合布置庭院及花坛，也可用于点缀山石或水岸等处。

072

可爱花

学名: *Eranthemum pulchellum*

别名: 喜花草

科属: 爵床科喜花草属

形态特征: 常绿灌木,株高可达2米。叶对生,椭圆至卵形,顶端渐尖或长渐尖,基部圆或宽楔形并下延,边缘有不明显的钝齿,叶脉明显。穗状花序顶生或腋生,呈圆锥状,花冠深蓝色,筒形。蒴果。花期秋、冬季。

产地: 原产于印度,我国的南部和西南部地区有分布。

习性: 喜温热及阳光充足环境,不耐寒,适宜疏松肥沃土壤。

栽培要点: 扦插繁殖,生长期均可进行,以春季为佳。扦插成活后株高20厘米时可移栽,栽后浇透水,并适当遮阴。苗期每月施肥1次,以氮肥为主,可配施磷、钾肥,冬季停肥控水。成株后可粗放管理。

适生地区: 我国华南南部、华东南部、西南南部。

园林应用: 可爱花花色优雅,有极高的观赏性,适合园林绿地、庭院栽培观赏,可丛植、片植或列植于路边、林下、水岸边或墙垣边种植。

073

彩叶木

学名: *Graptophyllum pictum*

别名: 锦彩叶木

科属: 爵床科紫叶属

形态特征: 植株高达1米。茎红色,叶对生,长椭圆形,先端尖,基部楔形。叶中肋泛淡红、乳白、黄色彩斑。花期夏季。

产地: 原产于新几内亚。

习性: 性喜高温和阳光充足环境,不耐阴,忌强光直射。以疏松、肥沃富含腐殖质的壤土为宜。

栽培要点: 可用分株或扦插法繁殖。栽培以腐殖质土或沙质土壤均佳,生长期间每月追施氮、磷、钾复合肥1次,保持土壤湿润。入秋后天气转凉后,枝叶稀疏,此时可进行修剪,以利多分侧枝,使株形更加美观。

适生地区: 我国华东南部、华南南部、西南南部地区。

园林应用: 彩叶木株形美观,叶色靓丽,是优良的观叶植物,适合林下、路边或与其他林木配植,也可植于花坛。

074

嫣红蔓

学名: *Hypoestes phyllostachya*

别名: 溅红草、红点草

科属: 爵床科枪刀药属

形态特征: 株高30~60厘米。叶对生,呈卵形或长卵形,叶全缘,叶面呈橄榄绿,上面布满红色、粉红色或白色斑点。穗状花序,花淡紫色,花期春季。

产地: 原产于马达加斯加岛。我国引种栽培。

习性: 喜温暖、湿润和半阴环境,忌强光。适宜深厚肥沃、排水良好、富含腐殖质的土壤。

栽培要点: 用播种及扦插繁殖。栽培土壤选择疏松、肥沃的沙质壤土。栽培环境以半日照、避免阳光直射、通风良好的场地最佳,过分荫蔽会导致徒长,叶面斑点逐渐淡化。生长期间摘心促使侧枝发生,且植株也会较低矮而茂密,若植株过高可实施强剪,促其重新萌发新枝。

适生地区: 我国华南、华东及西南南部。

园林应用: 嫣红蔓植株低矮,叶色雅致,适合用于林下或较为蔽阴的地方片植或做地被植物。也可用于花坛、花台或花境绿化美化。

075

小驳骨

学名： *Justicia gendarussa*

别名： 接骨草、尖尾峰

科属： 爵床科爵床属

形态特征： 常绿小灌木，株高1~2米。茎直立，多分枝。单叶对生，叶片披针形，先端渐尖，基部楔形，全缘，两面均无毛。穗状花序顶生或腋生，花冠白色或粉色，有紫斑。蒴果棒状。花期初夏。常见栽培品种有花叶小驳骨 *J. gendarussa* 'Silvery Stripe'。

产地： 原产于亚洲热带地区，我国分布于台湾、广东、广西、云南等省区。生于林下、灌丛或草地。

习性： 性喜温暖、湿润环境，喜光，也耐半阴，对土壤要求不严。

栽培要点： 扦插繁殖。不择土质，以肥沃沙质土壤最佳，排水需良好。对肥料及水分均没有特殊要求，但在干旱季节应适当补充水分。耐修剪，冬季可强剪，促其更新复壮。

适生地区： 我国华东、华南及西南地区。

园林应用： 小驳骨习性极强健，生长快，适合庭院、公园、绿地等丛植或列植观赏，也常用作绿篱绿化公园及庭院。

花叶小驳骨

076

鸭嘴花

学名: *Justicia adhatoda*

别名: 牛舌兰、野靛叶、大还魂

科属: 爵床科爵床属

形态特征: 大灌木,高1~3米。叶对生,纸质,矩圆状披针形至披针形,或卵形或椭圆状卵形,顶端渐尖,有时稍呈尾状,基部阔楔形,全缘。穗状花序顶生或近顶部腋生,苞片椭圆形至广卵形,小苞片披针形,稍短于苞片;花冠白色有紫纹,外有短柔毛。全年开花,主要在春、夏两季。

产地: 产于我国广东、广西、海南、澳门、香港、云南等地。分布于亚洲东南部。

习性: 喜温暖、湿润气候,不耐寒、耐阴,忌强光直射。喜疏松、肥沃、排水良好的沙质壤土。

栽培要点: 播种、分株及扦插法繁殖。扦插宜在5~6月份进行,分株在春季进行。生长期间放置半阴处,并注意保持土壤和空气湿度,并常浇水,保持盆土湿润。每半月施薄肥1次,以氮肥为主。花谢后,要及时剪除残花。

适生地区: 我国华中南部、华东、华南及西南地区。

园林应用: 鸭嘴花习性强健,生长快,适合路边、水岸边列植或丛植。也可用作花篱或布置大型花坛。

077

虾衣花

学名: *Justicia brandegeana*

别名: 虾夷花、狐尾木、麒麟吐珠

科属: 爵床科爵床属

形态特征: 常绿亚灌木,株高50~80厘米。叶对生,卵形或长椭圆形,先端尖,全缘,淡绿色。穗状花序顶生、下垂,苞片多数而重叠,形似虾衣,呈砖红至暗红或黄绿色,超出苞片,唇形,白色,可全年开花。

产地: 原产于墨西哥,我国各地均有栽培。

习性: 喜温暖湿润,喜光也较耐阴,忌强光直射,不耐寒。要求疏松肥沃、富含腐殖质的沙质壤土。

栽培要点: 采用扦插繁殖。扦插约两周后即可生根,及时分栽,翌年即可开花。每年春季截短剪1次。高温时节适度遮阴、降温。经常保持盆土湿润,全年追肥4~5次。适时短剪,适度摘心。

适生地区: 我国华南、华东及西南地区。

园林应用: 虾衣花花形奇特,开花期长,适合园林绿地、小区等路边、坡地、山石旁栽培,也可用于布置花坛、花台。

078

鸡冠爵床

学名: *Odontonema strictum*

别名: 鸡冠红、红苞花、红楼花

科属: 爵床科鸡冠爵床属

形态特征: 株高60～120厘米。叶卵状披针形或卵圆状，叶面有波皱，对生，先端渐尖，基部楔形。聚伞花序顶生，红色。花期秋、冬季。

产地: 原产于中美洲。

习性: 性喜高温、多湿，耐旱、耐湿。对土壤要求不严，以肥沃沙质壤土为宜。

栽培要点: 扦插法繁殖，春末至秋均可。栽培土壤以富含腐殖质的沙质壤土为佳，移栽后保持土壤湿润，成活后每月施肥1次，促其快速生长。对光线要求不高，在强光及较蔽荫的环境下均可良好生长。花后剪除花枝。

适生地区: 我国华南南部、华东南部及西南南部。

园林应用: 鸡冠爵床株形优美，花色艳丽，花叶均有较高的观赏价值。适合庭院、绿地等栽培。

079

金苞花

学名: *Pachystachys lutea*

别名: 金包银、黄虾花

科属: 爵床科厚穗爵床属

形态特征: 茎直立，株高50～80厘米。叶对生，长椭圆形或披针形，先端锐尖，革质，具皱褶，有光泽。穗状花序顶生，花苞金黄色，小花乳白色。花期从春至秋季。

产地: 原产于美洲热带地区的墨西哥和秘鲁，我国南方地区多有栽培。

习性: 性喜高温、多湿及阳光充足的环境，不耐寒。喜排水良好、肥沃的腐殖质土或沙质壤土。

栽培要点: 用扦插法繁殖。栽培土壤以疏松肥沃壤土为宜，定植时土中掺少量基肥。生长期保持盆土湿润不积水，夏季需向叶面及周围环境喷水，以增加空气湿度。追肥每月1次，氮、磷、钾液态肥可作叶面施肥，氮肥稍多，能促进叶色美观。植株老化应施以强剪或重新扦插育苗，更新栽培。

适生地区: 我国华南、华东南部及西南南部。

园林应用: 金苞花株形美观，色泽金黄，花期极长，是极佳的观赏灌木。适合公园、庭院、居民区及办公场所片植或丛植。

080

波斯红草

学名: *Perilepta dyeriana*

科属: 爵床科耳叶爵床属

形态特征: 常绿灌木,株高10~20厘米。叶对生,椭圆状披针形,叶缘有细锯齿。叶脉明显,茎、叶面布满细茸毛,叶暗绿色,具皱褶,叶脉两侧面有色斑,下部叶叶斑灰白色,上部叶斑为紫色,叶背紫红色。

产地: 原产于缅甸、马来西亚。

习性: 性喜高温、多湿,较耐阴、喜光、忌强光直射。喜疏松、肥沃、排水良好的沙质壤土。

栽培要点: 扦插繁殖。栽培以富含有机质的腐叶土最佳,在细蛇木屑、泥炭苔中生育极旺盛。生长季节,氮、磷、钾肥每月施用1次。植株老化应加以强剪,使新生叶片更美观。

适生地区: 我国华南南部、华东南部及西南南部。

园林应用: 波斯红草叶色美丽,极清雅,适合园林小径边栽培观赏或配植于山石及水岸边。

081

大花钩粉草

学名: *Pseuderanthemum laxiflorum*

别名: 紫云杜鹃

科属: 爵床科山壳骨属

形态特征: 常绿灌木，株高约20～50厘米，分枝较多。叶对生，长椭圆形或披针形，顶端渐尖，基部楔形，全缘。花长筒状，腋生，先端5裂，紫红色。花期夏秋两季。

产地: 原产于南美洲。

习性: 喜温暖、湿润及阳光充足的环境，耐热、耐阴、耐瘠、不耐寒。对土壤要求不严，以富含有机质的壤土为佳。

栽培要点: 扦插繁殖，生长期均为适期。移栽时带宿土，定植后加强水肥管理，苗期一般每月施肥1次，以复合肥为主。成株后可粗放管理，花后可修剪整枝，如植株老化，开花减少，可进行强剪更新。

适生地区: 我国华南南部、华东南部及西南南部。

园林应用: 大花钩粉草花姿清雅，花繁叶茂，是优良的观花灌木。适合庭院、小区、公园绿化美化环境，可片植、列植及丛植，也适合与其他园林植物配植。

082

金叶拟美花

学名： *Pseuderanthemum carruthersii*

科属： 爵床科山壳骨属

形态特征： 多年生草本，株高0.50～2米。叶对生，广披针形至倒披针形，叶缘有不规则缺刻。新叶色金黄，后转为黄绿或翠绿。花顶生，白色，花期春、夏季。

产地： 原产于波利尼西亚。

习性： 喜高温、多湿及光照充足的环境，对土质要求不高，以肥沃的沙质土或壤土为宜。

栽培要点： 用扦插法繁殖，生长期均为适期。栽培选择肥沃之地为宜，要求排水良好。定植前施足基肥，成活后每月施肥1次，以氮肥为主，入冬前施1～2次磷、钾肥，增强越冬的抗性。成株后可粗放管理，一般冬季修剪整枝。

适生地区： 我国华南南部、华东南部及西南南部。

园林应用： 适合庭院列植或丛植，也可与其他植物配植，还可以在室内进行盆栽。

083

蓝花草

学名: *Ruellia brittoniana*

别名: 翠芦莉、人字草

科属: 爵床科蓝花草属

形态特征: 株高30～100厘米。茎方形,具沟槽。单叶对生,线状披针形,全缘或具疏锯齿。花腋生,花冠漏斗状,蓝紫色。蒴果,成熟时褐色。花期由春至秋。

产地: 原产于墨西哥。

习性: 生性强健,性喜高温,喜光,也耐阴。对土质要求不严,一般土壤均能生长。

栽培要点: 可用播种,扦插及分株繁殖。栽培不择土壤,以肥沃土壤为佳。植后每月施肥1次,以复合肥为主,可随水追施。干旱季节及时应补充水分,否则下面叶片易脱落。老株适当修剪,以促发新枝。

适生地区: 我国华南、华东南部及西南南部。

园林应用: 蓝花草生长繁茂,花色淡雅,高性种适合植于路边、山石边绿化观赏,矮性种适合用于花坛、花台或用于花境栽培。

084

红花芦莉

学名: *Ruellia elegans*

别名: 艳芦莉、美丽芦莉草

科属: 爵床科蓝花草属

形态特征: 常绿小灌木。株高60～90厘米。叶椭圆状披针形或长卵圆形,叶绿色,微卷,对生,先端渐尖,基部楔形。花腋生,花冠筒状,5裂,鲜红色,花期夏、秋季。

产地: 原产于巴西。

习性: 喜高温、喜光,不耐阴。以富含有机质的壤土或沙质壤土为佳。

栽培要点: 用扦插法繁殖。定植宜选择富含有机质的壤土或沙质壤土,并施足基肥。

习性: 喜湿润,宜保持土壤湿润,干旱季节及时补充水分。

栽培要点: 对肥料要求一般,每月施肥1次,前期以氮肥为主,花期及花后增施磷、钾肥。耐强剪,可于每年春季修剪,促发新枝。

适生地区: 我国华南、华东及西南南部。

园林应用: 红花芦莉叶色青绿,花色鲜艳,适合在公园、绿地的路边、林缘下种植,也可用于花坛或花境栽培。

085

金脉爵床

学名： *Sanchezia nobilis*

别名： 黄脉爵床、金叶木

科属： 爵床科黄脉爵床属

形态特征： 常绿直立灌木。株高50～80厘米。叶对生，无叶柄，阔披针形，先端渐尖，基部宽楔形，叶缘具锯齿。圆锥花序顶生，花管状，黄色，并有红色的苞片。花期春、夏季。

产地： 原产于秘鲁和厄瓜多尔等地的南美热带地区。

习性： 喜高温、多湿及光线充足的环境，忌强光直射，耐热、不耐寒。喜疏松肥沃、排水良好的沙质壤土。

栽培要点： 多用扦插繁殖。扦插一般在春季或秋季进行，经3～4周即可生根。生根后可定植，定植后加强水肥管理，每月施肥1次，肥料以全素肥料为主。土壤保持湿润，同时经常向叶面喷水，以保持较高的空气湿度，如遇雨天及时排除积水。耐修剪，入冬后修剪摘心，促发分枝及保持优美株形。

适生地区： 我国华南、华东及西南地区。

园林应用： 适宜盆栽用于家庭、宾馆和橱窗布置，也可和其他矮性植物配植。

086

硬枝老鸦嘴

学名: *Thunbergia erecta*

别名: 立鹤花、直立山牵牛

科属: 爵床科山牵牛属

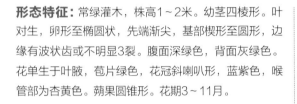

形态特征: 常绿灌木,株高1~2米。幼茎四棱形。叶对生,卵形至椭圆状,先端渐尖,基部楔形至圆形,边缘有波状齿或不明显3裂。腹面深绿色,背面灰绿色。花单生于叶腋,苞片绿色,花冠斜喇叭形,蓝紫色,喉管部为杏黄色。蒴果圆锥形。花期3~11月。

产地: 原产于西非热带地区,现我国南方地区多有栽培。

习性: 性喜高温、高湿及阳光充足的气候环境,耐阴、耐旱、不耐寒。喜富含有机质的酸性土壤。

栽培要点: 以扦插繁殖为主,生长季节均可,扦插后约20~30天生根。定植时施肥基肥,经常保持土壤湿润,在炎热的夏季经常向植株周围及叶面喷水或喷雾保湿。对肥料要求不高,一般每月施肥1次,复合肥即可。枝条萌发力强,经常修剪可使树形丰满。

适生地区: 我国华南、华东南部及西南南部。

园林应用: 适合作盆栽观花植物及庭院布置,也可作花篱和植物造型。

番荔枝科 Annonaceae

087

假鹰爪

学名: *Desmos chinensis*

别名: 酒饼叶

科属: 番荔枝科假鹰爪属

形态特征: 直立或攀援灌木。叶长圆形至椭圆形,基部圆形至稍偏斜,全缘,背面粉绿色。花单生,黄白色,有芳香。果念珠状,有柄。花期4~8月。果期6月至次年春季。

产地: 原产于我国南方,印度、老挝、柬埔寨、越南和马来西亚、新加坡、菲律宾也有分布。生于低海拔山地、丘陵的疏林边或村边灌木丛中。

习性: 喜湿暖、湿润及阳光充足,耐干旱、耐热、不耐寒。不择土壤,一般酸性及中性土壤均能生长。

栽培要点: 播用播种或扦插法繁殖。但以播种为主,春季播种最佳。栽培以腐殖质壤土为佳,排水需良好。全日照或稍荫蔽均理想。生长季节给予充足肥水,并注意修剪保持株形。

适生地区: 我国华南、西南南部及东南南部。

园林应用: 假鹰爪花果均有较高的观赏价值,极有野趣。适合孤植或丛植于庭院、公园、小区等地观赏,也可在假山石边与其他花灌木配植。

088

紫玉盘

学名: *Uvaria macrophylla*

别名: 油椎、酒饼木、牛刀树

科属: 番荔枝科紫玉盘属

形态特征: 直立灌木。幼枝密被黄色星状柔毛。单叶互生，叶革质，长倒卵形或矩圆形，先端急尖或钝，基部近心形或圆形，全缘。花1～2朵与叶对生或腋生，暗紫红色或淡红褐色。果卵圆形或短圆柱形，暗紫褐色。花期3～4月，果期7月至次年3月。

产地: 分布于我国广西、广东、海南和台湾，越南和老挝也有分布。

习性: 喜温暖、湿润的环境条件，喜光照，耐热、耐瘠、耐旱、不耐寒，不择土壤。

栽培要点: 用播种繁殖，于秋、冬季采种，藏至次年春播。移植时带宿土，植后浇透水保持土壤湿润，株高25厘米时摘心促发新枝。一般苗期施肥2～3次。成株后可粗放管理。

适生地区: 我国华南、西南及华东南部。

园林应用: 紫玉盘习性强健，适生性强，适宜栽于坡地、公园等地丛植或片植观赏。也可于其他花灌木配植。

夹竹桃科 **Apocynaceae**

089

沙漠玫瑰

学名： *Adenium obesum*

别名： 天宝花、小夹竹桃

科属： 夹竹桃科天宝花属

形态特征： 多年生落叶肉质灌木或小乔木。株高约1~2米，茎秆粗壮，全株具有透明乳汁。单叶互生，倒卵形，顶端急尖，革质，有光泽，全缘。顶生总状花序，花钟形，花色有玫红、粉红、白色及复色等，角果。花期4～11月，果期7～10月。

产地： 原产于非洲的肯尼亚、坦桑尼亚，主要分布于热带非洲沙漠干旱地区，我国南方地区普遍盆栽。

习性： 喜高温干燥和阳光充足环境。耐热、耐旱、不耐寒、不耐阴、忌积水。喜生于排水好的微碱性沙质壤土中。

栽培要点： 常用扦插、嫁接和压条法繁殖，在生长季节均可。栽培土壤以肥沃、疏松的砂和腐殖土混合为好，生长期土壤宜干不宜湿，冬季需控水，防止烂根。苗期至开花前以氮肥为主，磷、钾肥为辅，成株的营养生长期，少施氮肥，多施磷、钾肥，以利开花。耐修剪，花后对株型短截或重剪。

适生地区： 我国华南南部、华东南部及西南南部。

园林应用： 沙漠玫瑰株形优美，花繁叶茂，是优良的观花灌木，多用于布置沙漠景观。

090

黄蝉

学名: *Allemanda neriifolia*

别名: 黄兰蝉

科属: 夹竹桃科黄婵属

形态特征: 常绿灌木,植株直立,高约1～2米。叶轮生,叶片椭圆形或倒披针状矩圆形,被有短柔毛,先端渐尖或急尖,基部楔形,叶面深绿色,叶背浅绿色。聚伞花序,花冠鲜黄色,漏斗形,喉部有橙红色条纹。花期5~8月,果期11～12月。

产地: 原产于热带美洲、巴西等地。

习性: 喜温暖、湿润和阳光充足的环境,不耐寒。土壤以肥沃、排水良好为宜。

栽培要点: 春夏扦插繁殖。栽培土壤宜疏松肥沃、含腐殖质。生长期充分浇水,夏季炎热干燥季节还应向植株喷水,保持空气湿度。休眠期控制水量,冬末春初宜修剪。生长旺盛期,每10天左右施1次腐熟的稀薄液态肥或复合肥,肥料中氮肥含量不宜过多。

适生地区: 我国华南、华东南部、西南南部。

园林应用: 黄蝉花色金黄,花期长,是优良的观花灌木,适合路边、林缘、山石边绿化,也是庭院、小区绿化的优良树种。

091

长春花

学名： *Catharanthus roseus*

别名： 雁来红、日日新、五瓣梅

科属： 夹竹桃科长春花属

形态特征： 常绿半灌木，株高30～70厘米。叶膜质，单叶对生，倒卵状矩圆形，全缘或微波状，先端圆而具短尖，基部狭窄成短柄。聚伞形花序腋生或顶生，花冠有粉红色、紫红色、白色等，高脚碟状。蓇葖双生，直立。种子黑色。花果期几乎全年。

产地： 原产于非洲东部，现广植于热带及亚热带地区。

习性： 喜温暖、稍干燥和阳光充足环境，耐半阴、忌湿、怕涝、不耐碱。喜生于肥沃、疏松和排水良好的壤土中。

栽培要点： 多采用播种繁殖。播种后小苗3～4片真叶可定植，定植后根据干湿情况约5天浇水1次。对肥料要求不高，生长期每月施肥1次，以复合肥为佳。生长期摘心2～3次，以促使多萌发分枝，多开花。

适生地区： 我国长江流域及以南地区。

园林应用： 长春花花期长，色泽明快艳丽，适合小区、园林绿地的花坛、花槽、花台及花境应用，也可植于路边或庭院。

092

夹竹桃

学名： *Nerium indicum*

别名： 桃红、柳叶桃、柳桃

科属： 夹竹桃科夹竹桃属

形态特征： 常绿灌木或小乔木，直立，株高可达5米。叶轮生，革质，在枝条下部常为对生，线状披针形至长被针形，顶端急尖，基部楔形。顶生聚伞花序，花冠红色或白色，花有单瓣、重瓣。花期6~9月，果期12月至翌年1月。常见栽培的同属种有白花夹竹桃*N. indicum* 'Paihua'，金边夹竹桃*N. indicum* 'Variegatum' 及欧洲夹竹桃*N. oleander*。

产地： 原产于印度、伊朗、尼泊尔，我国各省、自治区均有栽培。

习性： 喜温暖、湿润气候环境，喜光、耐旱、不耐湿、不耐寒。适生于排水良好、肥沃的中性土壤中。

栽培要点： 夹竹桃喜肥怕涝，宜种植于干燥向阳、排水良好的避风处。栽培土壤宜肥沃疏松。栽培以前在土中施些基肥。开花以前，每月追施1次腐熟液肥。春、夏、秋注意补充水分，天气干热应向叶面喷水，保持空气湿度，雨季要及时排掉积水，冬季控水。耐修剪，可于花后进行。夹竹桃易滞尘，应及时喷水清洗叶面。

适生地区： 我国长江流域及以南地区。

园林应用： 夹竹桃花大色艳，花期极长，适合公园、庭院、绿地、路旁群植或点缀，也是优良的水土保持植物。

093

玫瑰木

学名: *Ochrosia elliptica*

别名: 红玫瑰木、古城玫瑰树

科属: 夹竹桃科玫瑰树属

形态特征: 常绿灌木,株高3米左右,全株具白色乳汁,老枝暗褐色,嫩枝鲜绿。叶近革质,光滑,绿色,通常为4叶轮生,先端渐尖,基部楔形。聚伞花序顶生,花白色。果为坚硬的核果,似桃,初为绿色,成熟时呈玫瑰红色。花期4~6月,果期夏季。

产地: 原产于亚洲热带。

习性: 性喜温暖、湿润及光照充足的环境,不耐寒,耐热,耐瘠。喜疏松、排水良好的沙质土壤。

栽培要点: 采用播种或扦插繁殖。播后一般经过2~3周发芽,幼苗长出2~4片真叶后便可移植苗圃养护,苗期要保持土壤湿润,每月施肥1次,以氮肥为主,入冬前增施磷、钾肥,增强抗性。经过1~2年的生长便可出圃定植,成株后可粗放管理。

适生地区: 我国华东南部、华南及西南地区。

园林应用: 玫瑰木管理粗放,果熟后观赏价值较高,红艳诱人,适合林缘、路边种植观赏,也可与高大的乔木配置或用于水岸边绿化。

094

萝芙木

学名: *Rauvolfia verticillata*

别名: 鱼胆木、山马蹄、萝芙藤、鸡眼子

科属: 夹竹桃科萝芙木属

形态特征: 直立常绿灌木,株高1～3米。小枝淡灰褐色,疏生圆点状的皮孔。叶轮生,少对生,长椭圆状披针形,先端长尖,基部楔形,全缘或略带波状。聚伞花序腋生或顶生,总苞片针状或三角状,花冠白色,高脚碟状。核果卵圆形至椭圆形,熟后黑色。花期2～10月,果期4月至次年春天。

产地: 分布于我国广西、广东、台湾、云南、贵州等地,越南也有分布。

习性: 喜温暖、湿润及阳光充足的环境,耐热、耐瘠,不耐寒,对土质要求不高。

栽培要点: 用种子和扦插繁殖。小苗在苗床培育1年,即可定植。对水分要求不高,一般苗期要保持土壤湿润,不可过干,成株较耐旱。苗期对肥料有一定要求,每月施肥1次促其快速生长,成株后如土质肥沃可不用施肥。

适生地区: 我国华南、西南、华东等地。

园林应用: 萝芙木花朵洁白,果红艳可爱,有较高的观赏价值。适合林下、绿地或路边等片植或群植,也可配置于山石及亭廊等处。

095

羊角拗

学名： *Strophanthus divaricatus*

别名： 羊角扭、羊角树、羊角果、断肠草

科属： 夹竹桃科羊角拗属

形态特征： 灌木，高达2米。叶薄纸质，椭圆状长圆形或椭圆形，顶端短渐尖或急尖，基部楔形，边缘全缘或有时略带微波状，叶面深绿色，叶背浅绿色，两面无毛。聚伞花序顶生，通常着花3朵，花黄色，萼片披针形，顶端长渐尖，绿色或黄绿色，花冠漏斗状，花冠筒淡黄色，下部圆筒状，上部渐扩大呈钟状，花冠裂片黄色外弯，基部卵状披针形，顶端延长成一长尾带状。蓇葖广叉开，木质。花期3~7月，果期6月~翌年2月。

产地： 产于我国贵州、云南、广西、广东和福建等省区。野生于丘陵山地、路旁疏林中或山坡灌木丛中。越南、老挝也有分布。

习性： 性喜温暖、湿润及阳光充足的环境，耐热、耐瘠、耐旱，不耐寒。对土壤要求不高。

栽培要点： 栽培应选择土层深厚的地方，疏松土壤并施足有机肥。苗期每月施1次速效肥，可随浇水追施，成株一般不用施肥。每年可在花期后进行修剪，疏掉过密枝及枯枝，以利通风。繁殖采用扦插法及播种法。

适生地区： 华东南部、华南及西南各省区。

园林应用： 本种全株有大毒，忌误食。花奇特，适于园林绿地等坡地、林缘等栽培观赏。

096

旋花羊角拗

学名: *Strophanthus gratus*

别名: 毛旋花

科属: 夹竹桃科羊角拗属

形态特征: 粗壮常绿攀援灌木，全株无毛；叶厚纸质，长圆形或长圆状椭圆形，顶端急尖，基部圆形或阔楔形；聚伞花序顶生，伞形，具短总花梗，着花6~8朵，花萼钟状，花冠白色，喉部染红色。花期2月。

产地: 原产热带非洲，尤以喀麦隆、塞拉利昂、尼日尔及加纳等为多，我国引种栽培。

习性: 性喜高温及阳光充足的环境，耐热、喜湿、不耐寒。喜疏松、肥沃的壤土。

栽培要点: 定植时疏松土壤，并施入适量有机肥。定植后浇水保湿，成活后即可施肥，每月施肥1~2次，苗期以氮肥为主，成株则以平衡肥为主。花谢后枝条进行疏剪，一是通风透光，有利植株生长，二是促生新枝。繁殖采用扦插、播种法。

适生地区: 华南南部、西南南部。

园林应用: 植株有大毒，在热带非洲有用作毒杀象及害虫，乳汁可作箭毒药。本种花美观，可用于观赏，适合园林中的路边、草地边或水岸边种植观赏。

097

狗牙花

学名: *Tabernaemontana divaricata*

别名: 豆腐花、狮子花、白狗牙

科属: 夹竹桃科狗牙花属

海南狗牙花

形态特征: 常绿灌木,株高约3米。无刺,有乳汁。单叶对生,坚纸质,椭圆形或椭圆状矩圆形,顶端渐尖,基部楔形。聚伞花序腋生,通常双生,花白色,重瓣,高脚碟状。蓇葖果窄长斜椭圆形,种子长圆形。花期5~11月。果期秋季。常见栽培的同属种有海南狗牙花 *E. hainanents*。

产地: 原产于我国南部沿海诸省,现我国南方地区广泛栽培。

习性: 性喜温暖、湿润环境,不耐寒、耐半阴。对土壤要求不高,喜肥沃、排水良好的酸性土壤。

栽培要点: 主要用扦插繁殖,生长期为适期。定植时选择土壤肥沃、排水良好地块,移栽时带宿土,栽后浇透水。进入生长期后保持土壤湿润,夏季要经常向植株周围喷水以增加环境的空气湿度。对肥料要求不严,每月施肥1次。经常对枯枝、弱枝进行修剪,以利更新。

适生地区: 我国华东南部、华南、西南南部地区。

园林应用: 狗牙花叶色青翠,花朵洁白、有芳香,极适合路边、水岸边、亭台旁或庭院种植。

• 粉黄夹竹桃

098

黄花夹竹桃

学名： *Thevetia peruviana*

别名： 酒杯花、断肠草

科属： 夹竹桃科黄花夹竹桃属

形态特征： 常绿灌木或小乔木。株高约5~6米，具乳汁。树皮褐色，枝柔软，嫩时绿色。单叶互生，线状披针形或线形全缘。顶生聚伞花序，花冠黄色，漏斗状，芳香。核果扁三角状球形，种子淡灰色。花期5~8月。常见栽培的同属植物有粉黄夹竹桃 *T. thevetioides*。

产地： 原产于中、南美洲。我国南方各省有栽培。

习性： 喜高温、多湿气候，喜光、耐半阴、不耐寒、怕涝。适生于肥沃、排水良好的沙质壤土中。

栽培要点： 播种或扦插繁殖，种子需随采随播。栽培土壤宜用排水好的土壤，以沙质土最佳，小苗定植时施一些腐熟的有机肥，成活后管理粗放，每年春季整枝修剪1次。

适生地区： 我国华南、西南及华东南部。

园林应用： 黄花夹竹桃花色明艳，是园林绿化的优良树种，适于园林绿地中栽植、孤植、丛植或植为绿篱均可。

五加科 **Araliaceae**

099

羽叶福禄桐

学名: *Polyscias fruticosa*

别名: 羽叶南洋森

科属: 五加科南洋森属

形态特征: 常绿灌木或小乔木。叶互生，奇数羽状复叶，小叶披针形，边缘有深锯齿或分裂，有短柄，叶片绿色。伞形花序成圆锥状，花小。常见栽培的同属植物有圆叶福禄桐*P. balfouriana* 'Bail'，镶边圆叶福禄桐*P. balfouriana* 'Marginata'，芹叶福禄桐*P. guilfoylei* 'Quinquefolia'，银边福禄桐*P. guilfoylei* var. victoriae。

产地: 原产于波利尼西亚。

习性: 性喜温暖、湿润、光照充足的环境。不耐寒，较耐阴。土壤以疏松、肥沃排水良好的沙质土壤为佳。

栽培要点: 用扦插繁殖，春至秋均可。定植时选择土壤肥沃、排水良好的地块，1～2个月施1次全素肥料，干热季节及时补充水分并向植株喷水降温保湿。耐修剪，于春季进行。

适生地区: 我国华南南部、华东南部及西南南部。

园林应用: 羽叶福禄桐树形美观，是优良的观叶植物，适合庭院、公园等处山石边、池畔或路边种植。

镶边圆叶福禄桐

圆叶福禄桐

芹叶福禄桐

100

八角金盘

学名: *Fatsia japonica*

别名: 日本八角金盘

科属: 五加科八角金盘属

形态特征: 灌木或小乔木。叶为单叶,叶片掌状分裂,托叶不明显。花两性或杂性,聚生为伞形花序,再组成顶生圆锥花序;花瓣5枚,在花芽中镊合状排列。果实卵形。花期夏至秋。

产地: 产于日本。

习性: 喜温暖、湿润及阴湿环境,有一定耐寒性,忌阳光曝晒,喜排水良好的壤土。

栽培要点: 移栽一般于春季进行,需带土球,可提高成活率。宜植于排水良好,蔽荫的林下为宜。生长期基质以湿润为佳,天气干热及时补充水分。每月施1~2次速效肥。以扦插为主,也常采用播种或分株法。

适生地区: 我国长江流域以南地区。

园林应用: 本种叶大美观,为著名的观叶植物,适于公园、绿地及庭院的一隅、路边栽植观赏。

101

鹅掌藤

学名: *Schefflera arboricola*

别名: 七叶莲、七加皮

科属: 五加科鹅掌柴属

形态特征: 藤状灌木,株高约2~3米。掌状复叶,革质,小叶7~9枚,稀5~6枚或10枚,小叶椭圆形、倒卵状长圆形或长圆形,先端急尖或钝形,稀短渐尖,基部渐狭或钝形。圆锥花序顶生,小花白色。果卵形。花期7月,果期8月。栽培品种有花叶鹅掌柴*S. octophylla* 'Variegata'。

花叶鹅掌藤

花叶鹅掌柴

产地: 原产于我国台湾、广西及广东等省区。

习性: 喜温暖、湿润和半阴环境。喜湿、怕干。宜生于土质深厚肥沃的酸性土中,稍耐瘠薄。

栽培要点: 常用扦插和播种繁殖。栽培土壤以肥沃、疏松和排水良好的沙质壤土为宜。管理较为粗放,生长期施肥2~3次,以复合肥为主。夏季需适当遮阴,冬季充足光照。

适生地区: 我国华南南部、华东南部及西南南部。

园林应用: 适宜盆栽布置客厅、书房及卧室,也可庭院孤植。

花叶鹅掌藤

102

鸭脚木

学名: *Schefflera heptaphylla*

别名: 鹅掌柴、鸭母树

科属: 五加科鹅掌柴属

形态特征: 常绿灌木或小乔木,株高约2～15米。掌状复叶,小叶6～9枚,最多11枚,小叶纸质,椭圆形、长椭圆形或倒卵状椭圆形,稀椭圆状披针形,先端急尖或短渐尖,稀圆形,基部渐狭,楔形或钝形,全缘。圆锥花序顶生,花白色。果球形花期11～12月,果期12月。

产地: 产于华南、华东及华南地区。

习性: 喜温暖、湿润和半阴环境。耐热、耐旱、耐瘠,有一定的耐寒性。不择土壤。

栽培要点: 常用扦插和播种繁殖。移植时带宿土,植后浇水保湿,易成活。粗放管理,一般不用施肥及浇水。栽植土壤较贫瘠或天气干旱时适当施肥或补水。

适生地区: 我国华东、华南、西南及华中地区。

园林应用: 习性强健,适合公园、小区孤植或丛植于路边、石边或水岩边欣赏,也是优良的水保植物。

萝藦科 Asclepiadaceae

103

马利筋

学名: *Asclepias curassavica*

别名: 莲生桂子花、金凤花、芳香草

科属: 萝藦科马利筋属

形态特征: 亚灌木,高60~100厘米,无毛,全株有白色乳汁。叶对生,披针形或椭圆状披针形,顶端短尖或急尖,基部楔形。聚伞花序顶生及腋生,花冠紫红色。蓇葖果刺刀形,端部渐尖。花期5~8月,果期8~12月。常见栽培的同属品种有黄冠马利筋 *A. curassavica* 'Flaviflora'。

产地: 原产于西印度群岛,在我国南方部分地区多为野生。

习性: 喜温暖、湿润气候,喜光、怕积水。不择土壤,但在肥沃的沙质壤土生长较好。

栽培要点: 播种或扦插法繁殖,均可于春季进行,播种当年可开花。定植时需疏松土壤,施入有机肥,易成活,缓苗后开始施肥,一年施肥2~3次即可。株高20厘米时摘心,促发分枝。成株一般粗放管理。如株形散乱,可重剪更新。

适生地区: 我国华南、西南及华东南部。

园林应用: 马利筋花形奇特,色泽鲜艳,花期长。适合做庭院、公园、小区等绿化,可丛植或片植于林下、池畔、路边等处,也可做草花的背景材料。

·黄冠马利筋

104

气球果

学名: *Gomphocarpus physocarpus*

别名: 唐棉、风船唐棉、气球花

科属: 萝藦科钉头果属

形态特征: 植株直立生长,多分枝,高2~3米。叶对生,叶片线形或线状披针形,较尖,表面光滑无毛,有时叶缘稍向外卷。聚伞花序顶生或腋生,每个花序有五星状小花10余朵,花白色至淡黄色。果实黄绿色,卵圆形或椭圆形。花期6~10月,果期10~12月。栽培的同属植物有钉头果*G. fruticosus*。

• 钉头果

产地: 原产于非洲热带地区。

习性: 喜温暖、湿润和阳光的环境,稍耐阴、不耐寒、耐干旱。不择土壤,以疏松、肥沃的酸性沙质土壤生长佳。

栽培要点: 繁殖可在春、秋季节进行播种。土壤宜用疏松肥沃、排水透气性良好的微酸性沙质土壤,定植后保持土壤湿润,每月施1次腐熟的有机稀薄液肥或复合肥。冬季控水、控肥。果后对植株进行修剪整形。

适生地区: 我国华南南部、华东南部及西南南部。

园林应用: 气球果花、果奇特,极有雅趣,有较高的观赏价值。适合公园、小区等休憩场所的路边、水岸边种植。

105

牛角瓜

学名: *Calotropis gigantea*

别名: 羊浸树、断肠草

科属: 萝藦科牛角瓜属

形态特征: 直立灌木,高达3米。全株有乳汁。叶对生,倒卵状长圆形,顶端急尖,基部心形,叶柄极短。聚伞花序伞状,腋生或顶生,花冠紫蓝色,宽钟状。蓇葖果单生,种子宽卵形。花果期几乎全年。

产地: 分布于我国广东、广西、云南和四川等省区;越南、缅甸、印度也有种植。

习性: 喜温暖、湿润及阳光充足的环境,耐热、耐瘠、不耐寒。不择土壤。

栽培要点: 播种或扦插繁殖。移植时带宿土,植后浇水保持土壤湿润。成活后施肥,每年施肥2~3次,以复合肥为主。较耐旱,但干旱季节需及时补充水分。成株可粗放管理。

适生地区: 我国华南、华东南部及西南中南部。

园林应用: 牛角瓜花叶均有一定的观赏价值,适合坡地、路边、山石旁美化栽培,也可用于海边、空地绿化。

106

十大功劳

学名: *Mahonia fortunei*

别名: 猫儿刺、狭叶十大功劳、刺黄柏

科属: 小檗科十大功劳属

形态特征: 常绿灌木植物,株高可达2米。奇数羽状复叶,小叶革质,矩圆状披针形或椭圆状披针形,平滑而有光泽。总状花序,花小,黄色,芳香。浆果圆形或矩圆形,蓝黑色,有白粉。花期9~10月,果期11~12月。常见栽培的同属植物有阔叶十大功劳*M. bealei*。

产地: 原产于我国,分布于湖北、四川、浙江等省。生于山坡树林或灌木丛中。

习性: 喜光,也耐半阴,耐寒、耐旱。对土壤要求不严,在排水良好、肥沃的沙质壤土中生长旺盛。

栽培要点: 播种、扦插或分株繁殖。种子采后即可播种。2~3月硬枝扦插,梅雨季节嫩枝扦插,插后要及时蔽阴,适量浇水。如果土壤肥沃,定植后一般不用施肥,在雨季注意排水,过涝叶片黄片导致死亡。耐修剪,一般种植2~3年重剪更新1次。

适生地区: 我国长江流域及以南地区。

园林应用: 狭叶十大功劳习性强健,可点缀于假山上或岩隙、溪边,极富野趣,也可植于路边作绿篱。

阔叶十大功劳

阔叶十大功劳

107

假豪猪刺

学名: *Berberis soulieana*

别名: 刺黄柏

科属: 小檗科小檗属

形态特征: 常绿灌木,高1~2米,有时可达3米。叶革质,坚硬,长圆形、长圆状椭圆形或长圆状倒卵形,先端急尖,具1硬刺尖,基部楔形,上面暗绿色,背面黄绿色。花7~20朵簇生;花黄色;浆果倒卵状长圆形,熟时红色。花期3~4月,果期6~9月。

产地: 产于我国湖北、四川、陕西、甘肃。生于海拔600~1800米的山沟河边、灌丛中、山坡、林中或林缘。

习性: 喜温暖及阳光充足的环境,耐寒、耐瘠、较耐热,对土壤要求不严。

栽培要点: 栽培选择土质疏松、排水良好的地块。定植后浇透水,成活后为保证生长所需的养分,每月施肥1次,秋季增施有机肥,成株后可不用施肥。虽然耐旱,但生长期保持基质湿润,有利于植株生长。花后进行疏剪,有利于新芽生长。繁殖采用播种或扦插法。

适生地区: 黄河流域及以南地区。

园林应用: 本种花金黄,有一定观赏价值,适合园林绿地等路边、山石边或坡地栽培观赏。

108

南天竹

学名: *Nandina domestica*

别名: 天竺、蓝田竹

科属: 小檗科南天竹属

形态特征: 常绿灌木，株高约2~3米。叶互生，2~3回羽状复叶，小叶椭圆状披针形，顶端渐尖，基部楔形，全缘。圆锥花序顶生，花小，白色，具芳香。花期5~7月。浆果球形，鲜红色，果期10~11月。

产地: 产于我国长江流域，日本、印度也有分布。

习性: 喜温暖、多湿及通风良好的半阴环境。喜光、耐阴、稍耐碱，较耐寒、不耐旱。喜含腐殖质的沙质壤土。

栽培要点: 以播种、分株繁殖为主，也可扦插繁殖。栽培土要求肥沃、排水良好的沙质壤土。对水分要求不甚严格，既能耐湿也能耐旱。比较喜肥，可多施磷、钾肥。生长期每月施1~2次液肥。耐修剪，一般花果期后进行，如植株栽培年限较长，也可重剪更新。

适生地区: 我国长江流域及以南地区。

园林应用: 南天竹花具芳香，果实红艳可爱，是优良的观果、观叶植物。适合种植于庭院、公园、小区等植于路边、山石边或池畔。

紫葳科 | Bignoniaceae

109

黄钟花

学名: *Tecoma stans*

别名: 金钟花

科属: 紫葳科黄钟花属

形态特征: 常绿灌木或小乔木,株高1~2米。叶对生,奇数羽状复叶,小叶长椭圆形至披针形,先端渐尖,基部锐形,缘有锯齿。总状花序顶生,萼筒钟状,花冠鲜黄色,钟形。蒴果线形。花期夏季、秋季。

产地: 原产于热带中美洲。

习性: 性喜温暖、湿润,喜光也耐阴、耐旱、耐寒。喜疏松肥沃、排水良好的壤土。

栽培要点: 以播种、扦插繁殖。栽培土壤以排水良好富含腐殖质的沙质土壤为佳,移栽时带土球,以利于缓苗。生长期间给以充足光照,保持土壤湿润,每月施1次稀液态肥,花后修剪,去掉枯枝残花。

适生地区: 我国华东南部、华南南部及西南南部。

园林应用: 黄钟花花色金黄,一年四季开花不断,是优良的观花灌木。适合公园、小区、办公场所及庭院栽培观赏,可孤植、丛植或列植,或与其他花灌木配植可有较好的观赏效果。

110

硬骨凌霄

学名: *Tecomaria capensis*

别名: 四季凌霄、常绿凌霄

科属: 紫葳科凌霄属

形态特征: 常绿半蔓性或直立灌木, 高约2米。枝细长, 皮孔明显。奇数羽状复叶, 对生, 小叶卵形至椭圆状卵形, 缘具齿。总状花序顶生, 花冠漏斗状, 橙红至鲜红色, 花期为8~11月; 蒴果扁线形, 多不结实。

产地: 原产于南非西南部, 我国引种, 华南和西南各地多有栽培。

习性: 喜温暖、湿润和充足的阳光环境。不耐寒、不耐阴、不耐湿。对土壤要求不严, 喜排水良好的砂壤土。

栽培要点: 扦插繁殖为主, 还可进行压条繁殖。一般春季扦插繁殖, 1个月后生根。移植时带宿土, 定植成活后, 摘心促发新枝。苗期生长很快, 每年需施肥2~3次补充养分。成株可粗放管理。耐修剪, 可整形成灌木或藤本。

适生地区: 我国华南、华东中南部及西南中南部。

园林应用: 硬骨凌霄生长快, 适合公园、小区的路边、绿化或坡地种植观赏, 也可与其他花木配植于池畔或山石边, 也是庭院绿化的良材。

红木科 Bixaceae

111

红木

学名: *Bixa orellana*

别名: 胭脂树

科属: 红木科红木属

形态特征: 常绿灌木或小乔木，株高3～7米。单叶互生、心状卵形或三角状卵形，先端渐尖，基部浑圆或近截形，全缘。圆锥花序顶生，花两性，花粉红色，外面密生褐黄色鳞片。蒴果卵形或近球形。花期夏、秋，果期秋、冬。

产地: 原产于热带美洲。

习性: 性喜高温、潮湿及充足阳光。要求疏松、腐殖质多的微酸性或中性土壤。

栽培要点: 繁殖用播种或扦插。栽培土质以沙质壤土为佳。全日照或半日照均可。生育期间每2～3个月施肥1次，复合肥为主，对水分要求不高，干旱季适当补充水分。冬季落叶应修剪整枝。

适生地区: 我国华南南部、华东南部及西南南部。

园林应用: 红木叶色翠绿，花色淡雅，果实红艳，观赏性极佳。适合庭院、公园、办公场所等丛植、孤植或列植于路边、池畔。

112

大花六道木

学名: *Abelia grandiflora*

科属: 忍冬科六道木属

形态特征: 半常绿灌木,高达2米。幼枝红褐色,有短柔毛。叶卵形至卵状椭圆形,长2~4厘米,缘有疏锯齿,表面暗绿而有光泽。顶生圆锥状聚伞花序;花冠白色或略带红晕;花萼合生,粉红色。花期6~11月。同属栽培种有金叶大花六道木 *A. grandiflora* 'Francis Mason'。

• 金叶大花六道木

产 地: 本种为糯米条与单花六道木 (*A. uniflora*)的杂交种,1880年由意大利培育而成,国内外广泛栽培。

习性: 喜阳光充足、温暖湿润的气候,稍耐阴。耐寒,亦耐热,耐旱,较耐修剪。栽培以疏松肥沃、排水良好的土壤为宜。

栽培要点: 苗木移栽宜在早春进行。生长季注意保持土壤湿润,雨季要注意排水。生长旺期每月施磷钾肥1~2次,秋冬季沟施有机肥越冬。开花后适当疏枝修剪,可促来年花繁色艳。可用扦插、分株、压条法繁殖。

适生地区: 我国长江流域、西南、华南地区可栽培应用,在南京地区可露地栽培。

园林应用: 本种花开枝端,色粉白且繁多,花期极长,可达半年,花谢后,粉红色萼片宿存直至冬季,十分美丽。可丛植于草坪、路畔、林缘等处,也可基础种植或作花篱。

113

枇杷叶荚蒾

学名: *Viburnum rhytidophyllum*

别名: 皱叶荚蒾、山枇杷

科属: 忍冬科荚蒾属

形态特征: 常绿灌木,高达4米;幼枝、叶背、花序密被星状毛,老枝黑褐色,冬芽无鳞片。单叶对生,叶厚革质,卵状长圆形,长7~20厘米,顶端尖或略钝,基部圆形或近心形,全缘或有小齿;上面亮黑绿色,脉下陷而呈极度皱纹状,侧脉不达齿端。复伞花序,直径约20厘米,花冠白色。核果卵形,先红后黑。花期5~6月,果期9~10月。

产地: 分布于我国陕西、湖北、四川、贵州等省。

习性: 喜温暖湿润气候,较耐阴,不耐涝。喜深厚肥沃、排水良好的沙质土壤。

栽培要点: 幼苗移植宜在早春或梅雨季节,小苗多带宿土,大苗需带土球。生长季注意浇水,雨季保持排水顺畅,可施肥2~3次。主枝易萌发徒长枝,破坏树形,花后适当修剪,秋冬季整株修剪,去除病虫枝、细弱枝,使树形美观。可用播种、扦插,压条、分株等法繁殖。

适生地区: 我国长江流域、华南、西南等地区可栽培应用。

园林应用: 本种树姿优美,叶色常绿,秋季红果累累,观花观果佳木。适宜配植于屋旁、墙隅、假山岩石边、园路岔口等,也可用于林缘、树下种植做耐阴下木。

黄杨科 | Buxaceae

114

顶花板凳果

学名: *Pachysandra terminalis*

别名: 粉蕊黄杨、顶蕊三角咪

科属: 黄杨科板凳果属

形态特征: 常绿亚灌木,茎稍粗壮。叶薄革质,在茎上每间隔2~4厘米,有4~6叶接近着生,似簇生状。叶片菱状倒卵形,上部边缘有齿牙,基部楔形。花序顶生,花序轴及苞片均无毛,花白色。花期4~5月。

产地: 产于我国甘肃、陕西、四州、湖北、浙江等省,生海拔1000~2600米的山区林下阴湿地。日本也有。

习性: 性喜温暖及半阴环境,耐寒,耐瘠,不耐暑热,喜湿,对土壤要求不高,稍肥沃的壤土均可良好生长。

栽培要点: 栽植易好选择肥沃、湿润的沙壤土,栽培前翻松土壤并施足基肥,以利发根促进植株生长。生长期保持土壤湿润,天气干热及时浇水。苗期以氮肥为主,配施平衡肥,成株则以平衡肥为主,每年也可以施1~2次的腐熟的有机肥。繁殖多采用扦插法。

适生地区: 长江流域及以南地区,夏季酷热生长不佳。

园林应用: 本种株形矮小,适于林下、路边做地被植株栽培。

金粟兰科 Chloranthaceae

115

金粟兰

学名: *Chloranthus spicatus*

别名: 珠兰、鱼子兰、茶兰

科属: 金粟兰科金粟兰属

形态特征: 亚灌木，高60厘米左右。叶对生，纸质或坚纸质，椭圆形或倒卵状椭圆形，边缘有钝锯齿。穗状花序顶生，花小，黄色，无柄，密生于花轴上，芳香。花期3~7月，果期8~10月。

产地: 原产于我国南部。自然分布在亚洲热带、亚热带地区。

习性: 喜温暖、湿润气候环境。喜阴、忌烈日、不耐寒。要求疏松肥沃、腐殖质丰富、排水良好的土壤。

栽培要点: 用分株、扦插和压条繁殖。栽培土壤宜疏松、肥沃及排水良好，植后加强水肥管理，生长期间不可强光直射，夏季应适当遮阴，盆土保持湿润不积水，次月施1次稀薄液态肥。花后修剪，以保株形美和来年多花。

适生地区: 我国华南、西南南部及华南南部。

园林应用: 金粟兰花具芳香，叶色翠绿，适合公园半荫的路边、池畔栽培观赏，也可用于花坛、花境等处绿化。

藤黄科 | Clusiaceae

116

金丝梅

学名： *Hypericum patulum*

别名： 芒种花、云南连翘

科属： 藤黄科科金丝桃属

形态特征： 半常绿或常绿小灌木。小枝红色或暗褐色。单叶对生，卵形、长卵形或卵状披针形，上面绿色，下面淡粉绿色，散布稀疏油点，叶柄极短。花单生枝端或成聚伞花序，金黄色。蒴果卵形。花期4~7月，果期7~10月。

产地： 原产于我国陕西、四川、云南、贵州、江西、湖南、湖北、安徽、江苏、浙江、福建等省。生于山坡或山谷疏林下。

习性： 喜凉爽、湿润气候环境。喜光，稍耐寒、略耐阴、忌积水。喜排水良好、湿润肥沃的沙质土壤。

栽培要点： 播种、扦插、分株均可。根系发达，萌芽力强，耐修剪。定植时带宿土，成活后开始施肥，苗期每年施肥2~3次，成株粗放管理。适应性强、喜光，不能栽在太阴的地方，注意浇水。

适生地区： 我国华中、华东、华南及西南地区。

园林应用： 金丝梅花色金黄，生长繁茂，适合丛植或群植于草坪、树坛的边缘和墙角、路旁等处。

117

金丝桃

学名: *Hypericum monogynum*

别名: 金丝海棠

科属: 藤黄科科金丝桃属

形态特征: 半常绿小灌木,高30~60厘米。茎直立,圆柱形,多分枝。单叶对生,无柄,长椭圆形至线形,先端钝,基部稍抱茎,全缘,下面密布透明腺点。聚伞花序顶生,花黄色,萼片、花瓣边缘均有黑色腺点。蒴果长卵圆形。花期5~9月,果期8~9月。常见栽培的同属种有观果金丝桃 *H. androsaemum*。

产地: 原产于我国中部及南部地区,常野生于湿润溪边或半阴的山坡下。

习性: 喜温暖、湿润气候,喜光,稍耐阴,耐干旱、忌积水、较耐寒。对土壤要求不严,宜于肥沃疏松、排水良好之土壤。

栽培要点: 常用分株、扦插和播种法繁殖。管理粗放,栽培宜选择排水良好、肥沃、向阳的地块。春季萌发前对植株进行一次整剪,促其多萌发新梢和促使植株更新。花后剪去残花。生长季土壤要以湿润为主,忌积水浇。每月施1~2复合肥或施有机液肥,冬季停肥控水。

适生地区: 我国华北及以前各省区。

园林应用: 金丝桃花色鲜艳,开花繁茂,花期较长,适合丛植、群植于庭院、公园的假山石边、路边或林下。

山茱萸科 **Cornaceae**

118

洒金桃叶珊瑚

学名: *Aucuba chinensis* 'Variegata'

别名: 洒金东瀛珊瑚、花叶青木

科属: 山茱萸科桃叶珊瑚属

形态特征: 常绿灌木。高可达3米。叶对生,叶革质,矩圆形,散生大小不等的黄色或淡黄色的斑点,先端尖,边缘疏生锯齿。圆锥花序顶生,单性,雌雄异株,花小,紫红色或暗紫色。核果长圆形,鲜红色。花期3～4月。果熟期11月。常见栽培同属植物桃叶珊瑚 *A. chinensis* 。

产地: 原产于我国台湾、日本和朝鲜半岛。

习性: 喜温暖、湿润气候,耐阴、忌强光直射。喜湿润、排水良好、肥沃微酸性土壤。

栽培要点: 繁殖以夏季嫩枝扦插为主,扦插1个月左右生根。栽培地点应排水良好、疏松肥沃,生长过程中要保持土壤湿润,每月施肥1次,炎热季节经常向叶面喷水并及时补充水分,以保持空气湿度,使叶色光亮。

适生地区: 我国长江流域及以南地区。

园林应用: 洒金桃叶珊瑚叶色斑斓,有较高的观赏价值。适合公园、绿地等庇荫处或墙垣下种植。

119

蓝星花

学名： *Evolvulus nuttallianus*

别名： 星形花、雨伞花

科属： 旋花科土丁桂属

形态特征： 常绿半蔓性小灌木，株高30～80厘米，茎叶密被白色绵毛。叶互生，长椭圆形，全缘。花腋生，花冠蓝色带白星状花纹，花期几乎全年，以春季至夏季为盛期。

产地： 原产于北美洲。

习性： 性喜高温，喜光、不耐寒、不耐旱。喜生于肥沃、排水性好的土壤中。

栽培要点： 用扦插法繁殖，春、秋均可。定植时疏松土壤，施入有机肥，植后浇水保湿。生长期间经常浇水以保持土壤湿润，冬天则适当控水，在生长期施肥2～3次，以复合肥为主。耐修剪，花后修剪整形。

适生地区： 我国华南南部、华东南部及西南南部。

园林应用： 蓝星花生长繁茂，花色素雅，似繁星点点，极为别致。适合庭院公园、小区及庭院绿化，也是优良的地被植物。

苏铁科 Cycadaceae

120

阔叶苏铁

学名: *Zamia furfuracea*

别名: 鳞枇苏铁、美叶凤尾蕉、南美苏铁

科属: 苏铁科泽米铁属

形态特征: 常绿灌木。丛生,株高30～150厘米。羽状复叶集生茎端,小叶近对生,长椭圆形至披针形,边缘中部以上有齿,常反卷,有时被黄褐色鳞屑。雌雄异株,花期初夏。

产地: 原产于墨西哥、美国佛罗里达州及西印度群岛。

习性: 喜温暖、湿润和阳光充足环境,较耐寒,耐旱。喜肥沃、排水良好的壤土。

栽培要点: 常用分株繁殖。栽培土壤宜疏松、排水良好。夏季生长旺盛期,除浇水外每天喷水2～3次。对肥料要求不高,生长期每月施肥1次,冬季停止施肥并控水。每年需定期修剪,枯枝及残叶宜及时清理。

适生地区: 我国华南、华东南部及西南南部。

园林应用: 阔叶苏铁叶色光亮,生长茂盛,适合草地边缘、林缘丛植或单植,也可配植于山石边或岩石园内。

柿树科 Ebenaceae

121

乌柿

学名: *Diospyros cathayensis*

科属: 柿树科柿树属

形态特征: 常绿灌木或小乔木,高可达10米。叶爱薄革质,长圆状披针形,两端钝,上面光亮,深绿色,下面淡绿色。雄花生于聚伞花序上,极少单生,雌花单生,花小,白色,有芳香。果熟时黄色或橘红色。花期4~5月,果期8~10月。

产地: 原产于四川、湖北、云南、贵州、湖南及安徽等省。

习性: 喜温暖、湿润及阳光充足环境,喜光,稍耐寒。喜深厚肥沃、富含腐殖质的湿润沙质土壤。

栽培要点: 移植可在秋冬季,需多带宿土或带土球,勿伤须根。生长期与花期适当浇水,浇水过多易引起枝叶徒长,妨碍花芽分化,同时影响传粉受精。果实生长期需保持土壤湿润,否则易生理性落果。生长期施氮肥,萌芽期和果实发育期施磷钾肥2~3次,入冬可施基肥,增强树势。每年适当修剪,保持树形美观。可用播种、扦插、嫁接法繁殖。

适生地区: 我国长江流域以南地区可栽培。

园林应用: 本种花形奇特,芳香美丽,果实诱人可观,宜庭院栽培或做盆景材料。

杜鹃花科 Ericaceae

122

石楠杜鹃

学名： *Rhododendron hybrida*

别名： 树型杜鹃、高山杜鹃

科属： 杜鹃花科杜鹃花属

形态特征： 多年生常绿灌木或小乔木，株高约3米。叶片互生，密集着生于枝条顶端，叶片椭圆状或披针形，革质有光泽，叶背密被茸毛。花顶生，常数朵聚生于枝头，花朵钟状，单瓣或重瓣，花有紫红、红、粉红、橙红、桃红、紫蓝、白、黄等多种颜色。花期3~5月。

产地： 栽培种。

习性： 喜凉爽、湿润的半阴环境，有一定的耐寒性，不耐旱，怕酷热和烈日曝晒，也怕积水。以疏松排水良好的沙质土壤为宜。

栽培要点： 扦插或压条繁殖，大规模繁殖则用组培的方法。栽培宜选用疏松、透气、排水良好的微酸性沙质土壤，喜肥，一般每月施肥1次，以复合肥为主。喜湿润，如空气过于干燥，可向植株及周围环境喷水，以增加空气湿度。花谢后剪去残花，并将枝条短截，以促进叶芽生长。

适生地区： 我国华南、华东南部及西南南部。

园林应用： 石楠杜鹃花大色艳，观赏性极佳，多作盆栽观赏，一般园林应用均为短期栽培，适宜在亭廊边、山石边、小桥边或池畔种植。

123

西鹃

学名: *Rhododendron hybrida*

别名: 比利时杜鹃

科属: 杜鹃花科杜鹃花属

形态特征: 常绿灌木，盆栽一般15～50厘米。叶互生或簇生，长椭圆形，叶面具白色绒毛。花有单瓣、半重瓣及重瓣，花有红、粉红、白色带粉红边或红白相间等色，一年四季均可开花。

产地: 栽培种。

习性: 性喜冷凉，不耐热、稍耐阴。喜富含腐殖质的微酸性沙质土壤，忌黏性和碱性土壤。

栽培要点: 用扦插或嫁接法繁殖。栽培土质宜疏松、排水良好。喜湿润，夏天及秋天炎热季节多浇水，冬天控水，保持稍润即可。施肥原则掌握薄肥勤施，以复合肥或有机肥为主。炎热季节注意遮阴，以防枝叶晒伤。

适生地区: 我国华南、华东及西南南部。

园林应用: 西鹃花色多样，色泽艳丽，但对环境要求较高，一般多盆栽。园林应用大多为短期栽培，可种植于公园、庭院。

124

毛鹃

学名： *Rhododendron pulchrum*

别名： 锦绣杜鹃、鲜艳杜鹃

科属： 杜鹃花科杜鹃花属

形态特征： 常绿或半常绿灌木，高达2～3米。叶纸质，椭圆形至椭圆状披针形或矩圆状倒披针形。花1～3朵顶生枝端，花冠玫瑰红至亮红色，上瓣有浓红色斑，漏斗形。蒴果卵形。花期4～5月，果期9～10月。

产地： 原产于我国江浙、两广及江西、福建、湖北、湖南等省区。

习性： 喜温暖、湿润环境，喜光、耐热、耐瘠、较耐寒。不择土壤，以疏松、肥沃、排水良好的沙质壤土为佳。

栽培要点： 播种、扦插或分株繁殖。移栽培时需带土球，植于高燥、排水良好的地块，对肥料要求不高，一般不用施肥。花后及时剪掉残花，以减少养分消耗。栽培多年的植株可重剪更新复壮。

适生地区： 我国华东、华中、华南及西南地区。

园林应用： 毛鹃习性强健，开花繁茂，适合植于疏林下、路边、山石边及池畔，也适合与其他花灌木配植，也可用于花坛及花境。

大戟科 **Euphorbiaceae**

125

红桑

学名： *Acalypha wilkesiana*

别名： 红叶桑、铁苋菜

科属： 大戟科铁苋菜属

形态特征： 常绿灌木，株高2~3米。叶互生，纸质，阔卵形，古铜绿色或浅红色，常杂有红或紫色斑块，顶端渐尖，基部圆钝，边缘具不规则钝齿。腋生穗状花序，雌雄同株，花淡紫色。花期全年。

产地： 原产于太平洋岛屿。现广泛栽培于热带、亚热带地区。

习性： 喜温暖、湿润及阳光充足环境。喜光、不耐寒、不耐湿。要求疏松、排水良好的土壤。

栽培要点： 常用扦插繁殖。扦插约3周可生根，生根后可植于苗圃养护，1年后可出圃。定植时疏松土壤，并施入适量有机肥。成株后，蒸发量较大，注意补充水分，对肥料要求不高，每年施肥3~5次，以氮肥为主。冬季控水停肥。成年植株适当加以修剪，保持优美株形。

适生地区： 我国华南、华东南部、西南等地。

园林应用： 红桑生长迅速，叶色明快，是优良的彩叶树种。适合公园、庭院及绿地的路边、林下或水岸边绿化种植。

126

雪花木

学名: *Breynia nivosa*

别名: 二列黑面神

科属: 大戟科黑面神属

形态特征: 常绿小灌木。株高约50～120厘米。叶互生,圆形或阔卵形,全缘,叶端钝,叶面光滑,上有白色或有白色斑纹。花小。花期夏、秋季。

产地: 原产于热带亚洲、非洲及太平洋诸岛。

习性: 喜高温,喜光亦耐半阴、不耐寒、耐旱。喜疏松肥沃、排水良好的沙质土壤。

栽培要点: 可用扦插或高压法繁殖。扦插时期以春季为佳,栽培土质以肥沃沙质壤土为佳。春、夏季施肥2～3次,早春修剪整枝,以保持优美树形。

适生地区: 我国华东南部、华南南部及西南南部。

园林应用: 雪花木色彩淡雅,是优良的观叶植物。适合庭院、公园和居住小区绿化,可丛植、列植或群植于路边、绿地等处。

127

狗尾红

学名: *Acalypha hispida*

别名: 红穗铁苋菜

科属: 大戟科锦苋菜属

形态特征: 常绿灌木,株高1~2米。嫩枝被灰色短绒毛。叶纸质,互生,叶卵圆形或阔卵形,先端尖,基部阔楔形、圆钝或微心形,边缘有锯齿。穗状花序腋生,鲜红色,下垂,具绒毛状光泽,似狗尾。春、夏、秋均能见花。

产地: 原产于太平洋岛屿,现广泛栽培于世界各地。

习性: 喜充足的阳光和湿润的环境,喜高温、怕寒冷。喜疏松、肥沃排水良好的土壤。

栽培要点: 用扦插法繁殖。栽培土壤宜用疏松的腐殖土或泥炭土。生长期间应经常浇水,以保持土壤湿润,高温干燥时还可向植株及周围环境喷水,以增加空气湿度。每周施1次低氮高磷、钾的复合肥或腐熟的稀薄液态肥,以促使花序的形成。夏季要适当遮光,以防烈日曝晒。冬季应适当保温。花期过后适当修剪。

适生地区: 我国华南、华东及西南地区。

园林应用: 狗尾红长势繁茂,花序奇特,具有较高的观赏价值。适合公园或庭院栽培欣赏,可植于林缘、路边或水岸边等处。

128

红背桂

学名: *Excoecaria cochinchinensis*

别名: 紫背桂、青紫色、红紫木、红背桂花

科属: 大戟科海漆属

形态特征: 常绿灌木,株高约1米。单叶对生,稀兼有互生或近3片轮生,纸质,倒披针形或长圆形,顶端渐尖,基部渐狭,叶缘有锯齿,背面紫红色或血红色。腋生穗状花序,花小,单性,雌雄异株。蒴果球形。花期几乎全年。栽培的同属植物有绿背桂 *E. cochinchinensis*。

产地: 原产于中印半岛。现我国南方广为栽培。

习性: 喜温暖、湿润环境,喜光,忌强阳光直射,不耐寒、不耐盐碱,耐半阴。要求肥沃、排水好的砂壤土,忌黏性土。

栽培要点: 常用扦插繁殖。栽培土壤宜选用疏松肥沃的微酸性沙质壤土,可用腐叶土和菜园土等量混合后,再加10%~20%的河沙或珍珠岩为好。在生长期要常浇水,保持土壤偏湿润,但忌积水,炎热季节向植株周围喷水以增加空气的湿度而降低

温度。冬季减少浇水次数,以偏干一些为好。生长期每月左右施1次含氮、磷、钾的复合肥即可。

适生地区: 我国华南、西南及华东南部。

园林应用: 红背桂生长快,株形美观,叶上绿下紫,极具观赏价值。适合种植在绿地、路边、水岸边或庭院片植或丛植。

129

琴叶珊瑚

学名： *Jatropha integerrima*

别名： 琴叶樱、日日樱、南洋樱、变叶珊瑚花

科属： 大戟科麻风树属

形态特征： 常绿灌木，株高约1～2米。具乳汁。单叶互生，倒阔披针形，常丛生于枝条顶端，全缘，叶基具刺状齿，叶端渐尖。聚伞花序顶生，单性花，雌雄同株，花冠红色。蒴果黑褐色，全年均能开花。

产地： 原产于中美洲，热带地区常见栽培。

习性： 喜温暖、湿润气候环境，喜光，不耐阴。不择土壤。

栽培要点： 用播种或扦插法繁殖，春、秋进行。栽培以肥沃沙质土壤为佳，宜植于光照充足的地块，否则光照不足时易产生叶多花少的现象。成株前，每2～3个月施肥一次，并保持土壤湿润，并根据树势进行修剪整形。成株后可粗放管理。

适生地区： 我国华南、华东及西南地区。

园林应用： 琴叶珊瑚终年见花，观赏性佳，适合庭院一隅、公园一角、路边、林缘下丛植或列植。

130

花叶木薯

学名: *Manihot esculenta var. variegata*

别名: 斑叶木薯

科属: 大戟科木薯属

形态特征: 直立灌木,成株地下有肥大块根,株高1~3米。叶互生,纸质,掌状深裂或全裂,裂片倒披针形至狭椭圆形,顶端渐尖,全缘,叶柄鲜红,叶面中心部位有黄色斑。圆锥花序顶生或腋生。蒴果椭圆形。花期秋季。栽培的同属植物有木薯 *M. esculenta*。

产地: 原产于巴西。

习性: 喜高温,多湿和充足的阳光。不耐寒。在土层深厚,肥沃的土壤上生长良好。

栽培要点: 主要用扦插法繁殖。以春、夏季最好。栽培以肥沃沙质土壤为佳,生长期保持土壤湿润,不可积水,否则会引起根部腐烂,亦不可过干,否则会产生落叶。每月施肥1次,增施2~3次磷、钾肥。秋后应减少浇水。分枝少可摘心,促多分枝,每年冬落叶后强剪。

适生地区: 我国华南及西南、华东南部。

园林应用: 花叶木薯叶色斑斓,株形极为美观,是优良的观叶植物。适合庭院、绿地或路边绿化,也适合与其他植物配植。

牻牛儿苗科 Geraniaceae

131

天竺葵

学名: *Pelargonium hortorum*

别名: 洋绣球、石腊红、洋蝴蝶、洋葵

科属: 牻牛儿苗科天竺葵属

形态特征: 株高30～60厘米。全株被细毛和腺毛，具异味。叶互生，圆形至肾形，通常叶缘内有马蹄纹。伞形花序腋生，总梗长，花有白、粉、肉红、淡红、大红等色，有单瓣、重瓣之分。蒴果。花期初冬到次年夏天。

产地: 原产于南非。我国栽培普遍。

习性: 喜温暖、湿润和阳光充足环境。不耐寒、不耐水湿、稍耐干旱。宜肥沃、疏松和排水良好的沙质土壤。

栽培要点: 常用播种和扦插繁殖。各种土质均能生长，但以富含腐殖质的沙质土壤生长最佳，浇水要适中，土壤不可过湿，以防植株腐烂。苗高12～15厘米时进行摘心，促使产生侧枝。每1～2周施肥1次。花后及时剪去残败花茎。

适生地区: 我国华南南部、华东南部及西南南部。

园林应用: 花期由初冬开始直至翌年夏初。盆栽宜作室内外装饰；也可作春季花坛用花。

唇形科 | **Labiatae**

132

猫须草

学名: *Clerodendranthus spicatus*

别名: 肾茶

科属: 唇形科肾茶属

形态特征: 多年生草本或亚灌木，根系发达，茎直立或半直立，侧枝多，茎方形。叶对生，卵形、菱状卵形或卵状长圆形，边缘具锯齿，纸质。顶生轮伞花序，花丝向花冠之外伸出，形似猫须，花冠白色或浅紫色。花果期5~11月。

产地: 原产于我国广东、海南、云南南部、广西南部、台湾及福建等省区有分布。东南亚及澳大利亚也有分布。多生于林下潮湿之处。

习性: 喜温暖、湿润的气候环境，喜光，不耐寒，较耐阴，不择土壤，以疏松排水良好的土壤为佳。

栽培要点: 多用扦插繁殖，插后1周便开始生根、萌芽，1月后可定植。栽培土壤宜疏松肥沃，管理较粗放，生长期间如保持充足肥水，则会枝繁叶茂。

适生地区: 我国华南、华东南部及西南南部地区。

园林应用: 猫须草花繁叶茂，有较强的观赏性。可应用于庭院、路边、水岸边或墙垣边美化绿化，也可用于装饰花坛或用于大型盆栽。

豆科 Leguminosae

133

金凤花

学名: *Caesalpinia pulcherrima*

别名: 洋金凤、蛱蝶花、红蝴蝶

科属: 豆科云实属

形态特征: 灌木或小乔木,高达3~5米。2回羽状复叶对生,小叶椭圆形或倒卵形,顶部凹缺,有时具短尖头,基部歪斜,小叶柄很短。总状花序顶生或腋生,花瓣圆形具柄,淡红色或橙黄色,花丝红色,荚果黑色。花期5~10月,果期10~11月。

产地: 原产于西印度群岛。在热带地区栽培甚广。

习性: 喜高温、湿润气候,喜光、不耐干旱、不耐寒。喜排水良好、富含腐殖质的微酸性土壤。

栽培要点: 常以播种法繁殖。植前宜选择土壤肥沃及排水良好的地块,植前施入适量有机肥。定植时带宿土,成活后开始施肥,每年施肥3~5次,以复合肥为主。在天气较干旱的季节,及时补充水分,过干叶片易黄化脱落。每年花后对植物修剪整形。

适生地区: 我国华南南部、西南南部及华东南部。

园林应用: 金凤花花色靓丽,奇特,叶片翠绿,是极佳的观花灌木。适合公园、庭园丛植或片植。

134

红粉扑花

学名: *Calliandra tergemina var. emarginata*

别名: 凹叶合欢、粉红合欢

科属: 豆科朱樱花属

形态特征: 半落叶灌木，株高1~2米。2回羽状复叶，小叶对生，歪椭圆状披针形，全缘，叶面平滑，夜间闭合，白天展开。头状花序，花鲜红色，荚果扁平形。花期春、秋两季。

产地: 原产于墨西哥。

习性: 喜温暖、湿润及光照充足的环境，耐热、耐半阴、不耐寒。不择土壤。

栽培要点: 用播种或扦插法繁殖，春季为适期。栽培土壤以疏松肥沃为佳，生长期每月施肥1~2次，并保持土壤湿润。冬季落叶停止施肥，减少灌水。落叶后适当修剪。

适生地区: 我国华南南部、华东南部及西南南部。

园林应用: 红粉扑花花色鲜艳，小巧可爱，适合公园、居住区、办公场所的路边、阶旁或水岸边绿化种植。

135

朱樱花

学名: *Calliandra haematocephala*

别名: 美蕊花、红绒球

科属: 豆科朱樱花属

形态特征: 常绿灌木或小乔木, 株高 1~3米。2回羽状复叶, 小叶斜披针形, 中上部的小叶较大, 下部较小, 先端钝而具小尖头, 基部偏斜。头状花序腋生, 花冠管淡紫红色, 花萼钟状, 花丝深红色, 极多数。花期8~9月, 果期10~11月。

产地: 原产于南美洲。

习性: 喜温暖、湿润气候环境, 喜光、耐热、耐旱、不耐寒。宜疏松肥沃土壤栽培。

栽培要点: 多用扦插法繁殖, 于春季进行, 插后50天左右生根。定植时带土坨, 并施入有机肥, 浇透遮阴保湿。成活后开始施薄肥, 夏季干旱季节及时补充水分。一般成株可粗放管理。耐修剪, 花后可进行整型, 植株过高也可重剪更新。

适生地区: 我国华南、华东南部及西南中南部等地区。

园林应用: 朱樱花宛若绣球, 花极美丽, 花期极长, 适合公园、小区及办公场所栽培, 可丛植、孤植或片植, 也是庭院绿化的优良材料。

136

苏里南朱樱花

学名: *Calliandra surinamensis*

别名: 粉扑花

科属: 豆科朱樱花属

形态特征: 半落叶灌木,分枝多。二回羽状复叶,小叶长椭圆形。头状花序多数,复排成圆锥状,小花多数。雄蕊多数,下部白色,上部粉红色,下部连合成管。荚果线形。花期由春至秋。

产地: 原产于苏里南岛。现热带地区多有栽培。生于热带雨林气候环境下的丘陵山地。

习性: 喜温暖、湿润气候环境,喜光、亦耐半阴、耐干旱、也耐水湿。对土壤要求不严,从沙质土到黏重土壤均能良好生长。

栽培要点: 播种、扦插繁殖。管理粗放,在苗期可追施2~3次氮肥,主要促进小苗快速生长。成株后不用追肥。对水分要求不高,在干旱季节适当补水。耐修剪,可于花后进行。

适生地区: 我国华南南部、华东南部及西南南部。

园林应用: 苏里南朱樱花花形似粉扑,极为雅致。适合植于公园、小区及办公场所的假山旁或水边,也可植于路边。

137

翅荚决明

学名: *Senna alata*

别名: 刺荚黄槐、翅荚槐

科属: 豆科山扁豆属

形态特征: 多年生常绿灌木。株高1～3米。叶互生，偶数羽状复叶，叶柄和叶轴有狭翅，小叶倒卵状长圆形或长椭圆形。总状花序顶生或腋生，具长梗，花冠黄色。荚果带形，有翅。花期7月至翌年1月，果期10月至翌年3月。

产地: 原产于美洲热带地区，我国热带地区常见栽培。

习性: 喜高温、湿润气候，喜光、耐半阴、不甚耐寒。不择土壤，但土层深厚肥沃生长佳。

栽培要点: 用扦插和播种繁殖为主，适宜在春季进行。栽培以喜肥沃的沙质土壤为佳，苗期以施氮肥为主，老株施全素肥料，开花期间每月追施1～2次稀薄液态肥。水分管理以土壤湿润为宜，冬季控制浇水次数，并适当保温。 新定植植株需摘心1～2次，以促发分枝。耐修剪，于花后进行。

适生地区: 我国华南南部、西南南部及华东南部。

园林应用: 翅荚决明花色金黄，色泽明快，花期极长。适合植于路旁、林下、亭廊边或池畔，也适合庭院绿化美化。

138

双荚决明

学名: *Senna bicapsularis*

别名: 双荚黄槐、腊肠子树

科属: 豆科决明属

形态特征: 灌木，多分枝，无毛。羽状复叶，小叶倒卵形或倒卵状长圆形，先端圆钝，基部渐狭，偏斜。总状花序生于枝条顶端的叶腋，常集成伞房花序状，花鲜黄色。荚果圆柱状。花期10~11月，果期11月至翌年3月。

产地: 原产于美洲热带地区。

习性: 喜温暖湿润气候，喜光。

栽培要点: 播种或扦插繁殖，春季为适期。移栽时带宿土，植后浇透水保湿，易成活。苗期可施含氮较高的肥料，促其快速生长，每年施肥3~5次。成株后粗放管理，一般不用施肥。耐修剪，可于早春进行。

适生地区: 我国华南南部、华东南部及西南南部。

园林应用: 可单植、丛植或列植作绿篱，也可用于垂直绿化。

百合科 Liliaceae

139

朱蕉

学名: *Cordyline fruticosa*

别名: 红叶铁树、红竹、铁树

科属: 百合科朱蕉属

形态特征: 常绿灌木或小乔木，株高1～3米。叶大型，基部抱茎，革质或刚硬，簇生于茎顶，宽披针形、长椭圆形或椭圆形，表面有光泽，叶绿或紫红。圆锥花序着生在茎顶的叶腋间，具肉质总梗，小花有淡黄、紫红、堇紫及粉红等色。浆果球形，红色。花期冬、春季。栽培的同属植物有七彩朱蕉*C. terminalis* 'Kiwi'。

产地: 原产于亚洲热带及太平洋各岛屿。

习性: 喜温暖、湿润气候，喜光及半阴环境，不耐寒，忌盐碱土，忌涝。以肥沃排水良好之沙质土壤为宜。

栽培要点: 常用扦插、压条和播种繁殖。土壤以肥沃、疏松和排水良好的沙质壤土为宜，不耐盐碱和酸性土。栽培土壤宜疏松、排水良好。生长土壤须保持湿润，不可过干过湿。常向茎叶喷水，保持空气湿度。生长期每半月施肥1次。主茎越长越高，可通过短截，促其多萌发侧枝。

适生地区: 我国华东南部、华南南部及西南南部。

园林应用: 朱蕉枝叶婆娑，是我国南方常见的观叶植物。适合路边及庭园角隅栽培观赏，也可用于花坛或植成花带。

140

千年木

学名: *Dracaena marginata*

别名: 红边竹蕉

科属: 百合科龙血树属

形态特征: 常绿灌木,株高达3米。茎单干直立,少分枝。叶片细长,新叶向上伸长,老叶下垂,叶中间绿色,叶缘有紫红色或鲜红色条纹。

产地: 原产于非洲马达加斯加。我国引进栽培。

习性: 性喜高温、多湿和阳光充足,耐旱、耐阴。不择土壤,喜疏松肥沃排水良好的土壤。

栽培要点: 扦插法繁殖,生长期均可进行。植后浇透水保湿,易成活。夏季过强的光照可能灼伤叶片,最好遮阴,对肥料要求不高,每年施肥2~3次,复合肥为主。冬季温度过低时可能导致叶片产生冷害或叶尖焦枯。耐修剪,植物观赏性差时可重剪更新。

适生地区: 我国华东南部、华南南部及西南南部。

园林应用: 千年木色彩明快,观赏性佳,适合庭园、公园的亭旁、墙隅、石边丛植或片植。

141

百合竹

学名： *Dracaena reflexa*

别名： 曲叶龙血树

科属： 百合科龙血树属

形态特征： 常绿灌木。株高可达9米。叶剑状披针形，无柄，革质富光泽，全缘。节间短，叶片密集。花序单生或分枝，小花白色。常见栽培的同属品种有黄边百合竹 *D. reflexa* 'Variegata'，金黄百合竹 *D. reflexa* 'Song of Jamaica'。

产地： 原产于非洲马达加斯加。

习性： 喜光照，耐阴、耐旱、耐湿，不耐寒。以富含有机质的沙质壤土为佳。

栽培要点： 可用播种法或扦插法，春至夏季为播种适期，扦插以春、秋季为适期。栽培选择排水良好的半荫地块为佳，定植后浇透水保湿。施肥可用有机肥料或氮、磷、钾，每月施用1次，氮肥施加量可略高，使叶片更具观赏性。耐修剪，植株过高可重剪更新。

适生地区： 我国华东南部、华南南部及西南南部。

园林应用： 百合竹习性强健，耐阴性强，是常见栽培的观叶植物。适合庭院、公园等丛植栽培。

金黄百合竹

黄边百合竹

142

富贵竹

学名: *Dracaena sanderiana* 'Virens'

别名: 仙达龙血树、万年竹

科属: 百合科龙血树属

形态特征: 常绿亚灌木。株高1米左右。植株细长,直立上部有分枝。根状茎横走,结节状。叶互生或近对生,纸质,叶长披针形,具短柄,浓绿色。伞形花序有花3~10朵生于叶腋或与上部叶对生,花冠钟状,紫色。浆果近球形,黑色。常见栽培的同属品种有金边富贵竹 *D. sanderiana* 'Golden edge',银边富贵竹 *D. sanderiana* 'Silveryedge'。

产地: 原产于加利群岛及非洲和亚洲热带地区。

习性: 性喜高温、高湿,耐阴、耐涝,耐肥力强。喜疏松、排水良好、富含腐殖质的土壤。

栽培要点: 常用扦插繁殖,生长期均可。粗生,对土壤无特殊要求,植后保持土壤湿润,忌强光直射,干热天气向植株喷水保湿。对肥料要求不高,一般苗期适当施肥,成株粗放管理。

适生地区: 我国华南中南部、华东中南部、西南中南部。

园林应用: 富贵竹茎干挺拔,耐阴,是著名的观叶植物。一般多盆栽或做切花,也可用于公园、庭院墙边、一隅等绿化。

143

石海椒

学名: *Reinwardtia indica*

别名: 黄亚麻、迎春柳

科属: 亚麻科石海椒属

形态特征: 高达1米。小枝绿色。单叶互生,椭圆形或倒卵状椭圆形,先端急尖或近圆形,有短尖,基部楔形,全缘或有极细齿。花一至数朵生叶腋及枝顶,黄色。蒴果球形,花果期4月至次年1月。

产地: 原产于我国湖北、福建、广东、广西、四川、贵州及云南等省区,东南亚也有分布。

习性: 喜阳光充足、通风良好的温暖环境,不耐寒。宜肥沃、排水良好的土壤。

栽培要点: 用扦插、分株或播种法繁殖。移栽带宿土,植于排水良好、疏松的土壤,生长期间保持土壤和周围空气湿度。给以充足光照,每月施1次稀薄液肥。耐修剪,于花后进行。

适生地区: 我国华南、华中、华东及西南地区。

园林应用: 石海椒花色金黄,色泽明快,适合公园、庭园等池畔、山石边、林缘或路边丛植、片植。

马钱科 Loganiaceae

144

醉鱼草

学名： *Buddleja lindleyana*

别名： 闹鱼花、痒见消、毒鱼草

科属： 马钱科醉鱼草属

形态特征： 半常绿灌木，高约2米。单叶对生、互生或近轮生，膜质，卵形至卵状披针形，顶端渐尖，基部宽楔形至圆形，全缘或疏生波状锯齿。穗状花序顶生，花蓝紫色。蒴果矩圆形。花期4～10月，果熟期8月至次年4月。

产地： 原产于我国，分布长江以南。生于海拔2000～2700米的山地、路边、灌丛、溪边。

习性： 喜温暖、湿润及阳光充足的环境。喜光、耐阴、稍耐寒、耐旱。对土壤适应性强，一般土壤均能生长。

栽培要点： 用播种、扦插或分株繁殖。播种因种子小，适于高床撒播，要注意保湿、搭棚遮阴，待苗木高10厘米左右后再分栽。扦插可在春季进行，用休眠枝作插条。分株可结合移栽进行，成活容易。对土质要求不严，栽培最好用肥沃、排水良好的壤土。生长季节保持充足光照，每年花后修剪。

适生地区： 我国长江流域及以南地区。

园林应用： 醉鱼草花姿优雅，具芳香，宜在路旁、墙隅，草坪边缘，坡地丛植，亦可以植成花篱。

145

巴东醉鱼草

学名: *Buddleja albiflora*

别名: 白花醉鱼草

科属: 马钱科醉鱼草属

形态特征: 半常绿灌木，高约1~3米。叶对生、叶片纸质，披针形、长圆状披针形或长椭圆形，顶端渐尖或长渐尖，基部楔形或圆，边缘具重锯齿。圆锥状聚伞花序顶生，花淡紫色，后变白色，芳香。蒴果长圆形。花期2~9月，果熟期8~12月。

产地: 原产于我国陕西、甘肃、河南、湖北、湖南、四川、贵州及云南等省。

习性: 喜湿暖、湿润及阳光充足的环境。喜光、耐阴、较耐寒、耐旱。不择土壤。

栽培要点: 用播种、扦插或分株繁殖，均可于春季进行。移栽时带宿土，并施入有机肥，生长季节保持充足光照，干旱季节及时补充水分，每年花后修剪更新。

适生地区: 我国长江流域及以南地区。

园林应用: 巴东醉鱼草开花繁茂，花姿优雅，具芳香，适合公园、社区、办公场所或庭院栽培，可植于路旁、墙隅、坡地等丛植。

146

大叶醉鱼草

学名： *Buddleja davidii*

别名： 绛花醉鱼草、兴山醉鱼草

科属： 马钱科醉鱼草属

形态特征： 半常绿灌木，高约1～5米。叶对生、叶片膜质至薄纸质，狭卵形、狭椭圆形至卵状披针形，稀宽卵形，顶端渐尖，基部宽楔形至钝，边缘具细锯齿。总状或圆锥状聚伞花序，顶生，花紫色至淡紫色，后变黄白色至白色，芳香。蒴果狭椭圆形或狭卵形。花期5～10月，果熟期9～12月。

产地： 原产于我国陕西、甘肃、江苏、浙江、江西、湖北、湖南、四川、贵州、云南、西藏、广东及广西等省区。

习性： 喜湿暖、湿润及阳光充足的环境。耐阴、较耐寒、耐瘠、耐旱。不择土壤，以肥沃、疏松、排水良好的沙质土壤为佳。

栽培要点： 用播种、扦插或分株繁殖，于春季进行。移栽时选择排水良好的地块，疏松土壤并施入有机肥，生长季节施肥2～3次，以复合肥为主。虽然耐旱，但在干旱季节应及时补充水分，每年花后修剪更新。

适生地区： 我国长江流域及以南地区。

园林应用： 大叶醉鱼草开花繁茂，花姿优雅，具芳香，适合植于路边、水岸边、山石旁或庭院一隅，可丛植，也可片植或列植。

干屈菜科 Lythraceae

147

细叶萼距花

学名： *Cuphea hyssopifolia*

别名： 细叶雪茄花、紫花满天星

科属： 千屈菜科萼距花属

形态特征： 常绿小灌木，株高30～50厘米。茎直立，分枝特别多而细密。对生叶小，线状披针形，翠绿。花单生叶腋，花小而多，花萼延伸为花冠状，高脚碟状，具5齿，齿间具退化的花瓣，花紫色、淡紫色。全年可开花。

产地： 原产于墨西哥、危地马拉。

习性： 喜湿暖、湿润气候环境，喜高温，喜光，也能耐半阴、耐热、不耐寒。喜排水良好的肥沃沙质土壤。

栽培要点： 扦插繁殖，春季为适期。栽培土壤以肥沃、疏松、排水良好为佳。管理比较粗放，幼苗定植后摘心修剪1次，注意保持土壤湿润，10天施用稀薄液肥一次。成形后注意水分管理。适当修剪增加分枝，植株老化重剪更新。

适生地区： 我国华东南部、华南及西南南部。

园林应用： 细叶萼距花叶色翠绿，开花繁茂，适合庭院、公园、园林绿地的路边、坡地或池畔等片植栽培，也可用于花坛、花境栽培。

148

萼距花

学名： *Cuphea platycentra*

别名： 雪茄花、焰红萼距花、火红萼距花

科属： 千屈菜科萼距花属

形态特征： 直立小灌木，植株高30～60厘米。茎具黏质柔毛或硬毛。叶对生，约质，长卵形或椭圆形，顶端渐尖，全缘。花顶生或腋生，紫红色，无花瓣，由筒状花萼组成。花期主要在夏季。

产地： 原产于中美洲。

习性： 喜光，喜高温多湿气候，喜生于肥沃疏松，排水好的沙质土壤中。

栽培要点： 用扦插和播种法繁殖。对环境条件要求不严，极易栽培管理。全日照、半日照均理想，稍荫蔽处也能生长，但日照充足则生育较旺盛。对土壤适应性强，沙质壤土栽培生长更佳，耐水湿。幼苗定植后宜摘心或修剪1次，促使分枝生长。生育期间每1～2个月施肥1次，有机肥料或氮、磷、钾均佳。植株过高或枝叶拥挤可进行修剪。

适生地区： 我国华南南部、西南南部及华东南部。

园林应用： 萼距花花形别致，优雅可爱，花期长，适于庭园山石旁作矮绿篱；花丛、花坛边缘种植；也可于路边、草地边群植、丛植或列植，或与常绿灌木或其他花卉配置均能形成良好的景观效果。

149

虾仔花

学名: *Woodfordia fruticosa*

别名: 五福花、虾米草

科属: 千屈菜科虾仔花属

形态特征: 灌木,高3~5米。叶对生,近革质,披针形或卵状披针形,顶端渐尖,基部圆形或心形。圆锥花序短聚伞状,萼筒花瓶状,鲜红色,花瓣小,淡黄色,线状披针形。花期春季。

产地: 原产于我国广东、广西及云南等省区,东南亚也有分布。

习性: 喜温暖、湿润及阳光充足的环境,耐热、耐旱、耐瘠、不耐寒。对土壤要求不严。

栽培要点: 播种或扦插繁殖。定植地宜选择向阳、土质疏松且排水良好的地块,植后浇透水保持土壤湿润,每年施肥2~3次,复合肥、有机肥均可。对水分要求不高,在秋季较干旱季节及时补水。花后可修剪整形。

适生地区: 我国华南南部、西南南部及华东南部。

园林应用: 虾仔花花萼鲜红,花极繁茂,有较强的观赏性。适合庭院、公园、绿地等池畔、路边或山石边丛植。

木兰科 Magnoliaceae

150

夜合花

学名: *Magnolia coco*

别名: 夜香木兰

科属: 木兰科木兰属

形态特征: 常绿灌木或小乔木，高2～4米。叶革质，椭圆形、狭椭圆形或倒卵状椭圆形，先端尾状渐尖，基部狭楔形，全缘。花单朵顶生，白色或微黄色，下垂，有浓香。聚合果长圆柱形，蓇葖近木质。花期几乎全年，夏季最盛。

产地: 产于我国浙江、福建、台湾、广东、广西及云南等省区，越南也有分布。

习性: 喜温暖、湿润及光线充足的环境。耐热、耐阴、有一定的耐寒性。要求肥沃、疏松和排水良好的微酸性土壤。

栽培要点: 主要采用压条和嫁接繁殖。栽培土壤以肥沃壤土为佳，土壤宜保持湿润，全日照、半日照均可。春、夏季各施1次腐熟有机肥或氮、磷、钾复合肥。如天气较干燥，宜喷水保湿。秋季对植株剪整型，将过密枝及枯枝剪除。

适生地区: 我国华东、华南、华中及西南地区。

园林应用: 夜合花枝叶浓绿，花朵洁白具芳香，为我国著名的庭院观赏树种。适合庭院、公园及办公场所等栽种，可植于路边、池畔或一隅。

151

紫花含笑

学名： *Michelia crassipes*

科属： 木兰科含笑属

形态特征： 常绿灌木或小乔木，高2～5米。叶革质，狭长圆形、倒卵形或狭倒卵形，少狭椭圆形，先端长尾状渐尖或急尖，基部楔形或阔楔形。花紫红色或深紫色，极芳香。聚合果。花期4～5月，果期8～9月。

产地： 产于我国广东、湖南及广西等省区。

习性： 性喜温暖、湿润及光照充足的环境，较耐热、不耐旱、较耐寒。喜肥沃、排水良好的微酸性土壤。

栽培要点： 扦插繁殖为主，也可压条、嫁接、播种繁殖，生长较快，从定植到开花只需2～3年。移栽时选择土壤肥沃、排水良好的地块，定植时带土球，成活率高。夏季高温天气，每天早晚各浇1次水，向叶面喷水保持空气湿度，冬季控水，保持土壤稍湿润即可。生长季节每月施酸性液肥1次。

适生地区： 我国华东、华中、华南及西南地区。

园林应用： 紫花含笑枝叶浓绿，花色宜人，具芳香，是极有观赏价值的芳香植物。适合公园、庭院、社区及办公场所孤植或丛植。

152

含笑

学名: *Michelia figo*

别名: 含笑梅、香蕉花、烧酒花

科属: 木兰科含笑属

形态特征: 常绿灌木或小乔木,高3~5米。单叶互生,叶椭圆形至倒卵形,革质,全缘,叶面光滑,叶背中脉有黄褐色毛。花单生于叶腋,直立状,初开时白色,而后渐渐变为象牙黄色,边缘常带紫晕色,有香气。果卵圆形。花期初夏,果熟期9月。

产地: 原产于我国广东和福建等省,生于阴坡杂木林中。

习性: 性喜温暖、湿润的气候,不耐干旱和寒冷。宜生于肥沃的酸性土壤中。

栽培要点: 扦插繁殖为主,也可用压条、嫁接、播种法繁殖。移栽以春季为佳,带土球。在生长期每月施肥1次,以复合肥为主。对水分有一定要求,宜保持土壤湿润,干旱季节需及时补充水分。冬季停肥,控制浇水,土壤稍湿润即可。

适生地区: 我国华南南部、华东南部及西南南部。

园林应用: 含笑四季常青,花洁白芳香,适合植于庭院及建筑物周围,也可孤植或丛植于路边、池畔、林缘或草坪边缘。

153

云南含笑

学名: *Michelia yunnanensis*

别名: 皮袋香、山栀子、十里香

科属: 木兰科含笑属

形态特征: 常绿灌木，丛生。高可达2～4米。叶革质，倒卵形、窄倒卵形或窄倒卵状椭圆形，先椭圆钝或短急尖，基部楔形，上面绿色，背面有平伏毛。花单生叶腋，花梗短粗，花白色，具芳香。聚合果。花期3～4月，果期8～9月。

产地: 分布于我国云南中、南部地区。

习性: 喜温暖多湿气候，喜光、耐半阴，有一定耐寒力。喜肥沃排水良好的微酸性土壤。

栽培要点: 播种、高压或嫁接繁殖。栽培土壤以土层深厚的壤土为佳，幼苗较耐阴，成株喜光。林树移植要在3个月前断根处理。春至夏季每2～3个月施肥1次，以有机肥或氮、磷、钾全素肥料为好。忌积水，雨天注意排水。

适生地区: 我国华东南部、华南及西南中南部。

园林应用: 云南含笑花洁白芳香，适合庭园、公园等栽培，可片植，亦可孤植修剪成球形与乔木配植，可作行道绿化树种及绿篱。

锦葵科 Malvaceae

154

观赏苘麻

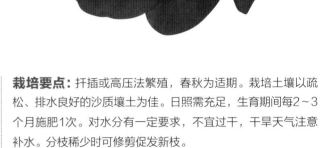

学名: *Abutilon hybridum*

别名: 大风铃花

科属: 锦葵科苘麻属

形态特征: 株高1~2米,盆栽30~50厘米。叶互生,掌状浅3裂,先端渐尖,基部弯缺。花腋生,单瓣或重瓣,花冠桃红色、浅粉色、白色等,花期春季。

产地: 杂交种。

习性: 性喜高温,喜光,亦耐半阴。喜排水良好的沙质壤土。

栽培要点: 扦插或高压法繁殖,春秋为适期。栽培土壤以疏松、排水良好的沙质壤土为佳。日照需充足,生育期间每2~3个月施肥1次。对水分有一定要求,不宜过干,干旱天气注意补水。分枝稀少时可修剪促发新枝。

适生地区: 我国华南、华东、华中及西南地区。

园林应用: 观赏苘麻株形美观,花色清秀,是优良的观花灌木。适合公园、庭院片植绿化。

155

纹瓣悬铃花

学名: *Abutilon pictum*

别名: 金铃花、风铃扶桑

科属: 锦葵科苘麻属

形态特征: 常绿灌木,株高2~3米。叶互生,具长柄,掌状3~5裂,裂片卵状渐尖形,先端长渐尖,边缘具粗齿。花腋生,下垂生长,有长而细的花柄,花钟形,橙红色,具红色纹脉,瓣端向内弯,呈半展开状。花期5~10月,在适宜的条件下全年都可开放。

产地: 产于南美洲。

习性: 喜温暖、湿润和阳光充足的环境,耐半阴、不耐寒。适宜在含腐殖质丰富、疏松透气的沙质土壤中生长。

栽培要点: 扦插及压条法繁殖。栽培土质宜肥沃、排水良好。生长期间每2~3周施1次腐熟的有机液肥或复合肥,经常浇水和向植株喷水,保持较高的土壤和空气湿度。冬季减少浇水量。耐修剪,定植可摘心促发分枝。多年老株可重剪更新。

适生地区: 我国华南、华东、华中及西南地区。

园林应用: 纹瓣悬铃花形奇特,秀丽可爱,是优良的观花灌木。适合公园、庭院、办公场所等丛植于水岸边、墙垣边或一隅。

156

扶桑

学名： *Hibiscus rosa-sinensis*

别名： 朱槿、佛桑、木牡丹

科属： 锦葵科木槿属

形态特征： 常绿灌木或小乔木。直立多分枝，树冠圆形或椭圆形。叶互生，广卵形或狭卵形，先端渐尖，基部钝形，边缘有锯齿。花腋生，花大，花瓣倒卵形，有红、粉红、黄、白等色，有重瓣及单瓣。花期全年。

产地： 产于我国广东、云南、福建、四川等省区。

习性： 喜温暖、湿润气候，喜光，不耐阴，不耐寒霜，耐湿。对土壤要求不严，但在肥沃、疏松的微酸性土壤中生长最好。

栽培要点： 常用扦插繁殖，生长季节均为适期。插后苗高30厘米时可定植，移栽时带宿土，植后浇透水保湿。成活后苗期每年施肥2～3次。虽然较耐旱，但在干旱季节应及时补充水分。耐修剪，植株老化开花不良时重剪更新。若光照不足，花蕾容易脱落，花朵变小，且开花不良。

适生地区： 我国华南、华东、华中及西南地区。

园林应用： 扶桑花大色艳，品种繁多，一年开花不断，是我国重要的绿化树种。适合散植于池畔、亭前、道旁和墙边，也可列植。

157

吊灯扶桑

学名： *Hibiscus schizopetalus*

别名： 灯笼花、假西藏红花、拱手花篮

科属： 锦葵科木槿属

形态特征： 常绿灌木，株高可达3米，小枝常下垂。叶椭圆形或长圆形，先端短尖或短渐尖，基部钝或宽楔形，边缘具齿缺。花单生于枝端叶腋间，花梗下垂，花瓣5枚，红色，深细裂流苏状，向上反曲，雄蕊柱长突出，下垂。蒴果长圆柱形。花期全年。

产地： 产于东非热带。

习性： 喜温暖、湿润及阳光充足的环境，耐热、耐干旱、耐瘠薄、不耐寒。喜疏松、肥沃、排水良好的沙质壤土。

栽培要点： 扦插繁殖，生长季节均为适期。插后苗高30厘米时可定植，移栽时带宿土，植后浇透水保湿。苗期每年施肥2~3次，促其快速生长，在生长期，保持土壤湿润，过于干旱会造成植株生长不良。耐修剪，于花后进行，植株老化可重剪更新。

适生地区： 我国华南、华东及西南地区。

园林应用： 吊灯扶桑花形极为奇特，似灯笼悬挂于枝条之上，观赏性极佳。适合公园、庭院、小区等栽培，也可作绿篱栽培。

158

悬铃花

学名: *Malvaviscus arboreus var. penduliflorus*

别名: 南美朱槿

科属: 锦葵科悬铃花属

形态特征: 常绿小灌木。株高1~2米。单叶互生，卵形至近圆形，先端长尖，基部广楔形至近圆形，边缘具钝齿。花单生于叶腋，红色，下垂，筒状，仅上部略开展，呈含苞状。雄蕊集合成柱状，长于花瓣。全年开花。栽培的品种及变种有宫粉悬铃花 *M. arboreus* 'Variegata'和小悬铃花 *M. arboreus* var. *drumnondii*。

产地: 原产于墨西哥、秘鲁及巴西。

习性: 喜高温、多湿和阳光充足的环境，不耐寒、耐湿、稍耐阴。不择土壤，在肥沃、疏松和排水良好的微酸性土壤中生长最好。

栽培要点: 主要用扦插繁殖。夏、秋季以嫩枝扦插为主，生根容易。定植成活待新枝抽生后，摘心促发分枝。生长期每半月施肥1次。盛夏土壤保持湿润，多见阳光，但要防烈日曝晒，早晚在叶面喷水。秋季天气转凉时，停止施肥，控制浇水。

• 宫粉悬铃花

• 小悬铃花

适生地区: 我国华南南部、西南南部及华东南部。

园林应用: 悬铃花花期长，花色艳丽，适合庭院、公园等地丛植、片植于草地、路边或池畔等处。

159

多花孔雀葵

学名： *Pavonia intermedia*

别名： 丽红葵

科属： 锦葵科

形态特征： 株高约50～100厘米。叶互生，下垂状，披针形，先端渐尖，边缘具细锯齿，革质，叶面具光泽。花顶生，花紫褐色，苞片鲜红色。花期由春至秋。

产地： 栽培种。

习性： 性喜高温、喜光、不耐湿、不耐寒。喜生于肥沃疏松的壤土或沙质土壤中。

栽培要点： 用播种、扦插法繁殖，春夏为适期。栽培选择富含有机质、排水良好的地块，可植于向阳的坡地。春至夏每月施肥1次，复合肥及有机肥均可。花后需适当整枝，冬季注意保温防寒。

适生地区： 我国华东南部及西南南部。

园林应用： 多花孔雀葵花色艳丽，观赏性佳，适合公园、庭院植于路边、山石边、池畔或一隅。

野牡丹科 Melastomataceae

160

野牡丹

学名: *Melastoma malabathricum*

别名: 山石榴、大金香炉

科属: 野牡丹科野牡丹属

形态特征: 常绿灌木。株高0.5～1.5米。叶对生，宽卵形，顶端急尖，基部浅心形，两面有毛，全缘。伞房花序，花两性，聚生于枝顶，粉红色或紫红色。蒴果坛状球形。花期5～7月，果期10～12月。栽培的同属植物有白花野牡丹*M. candidum* var. albiflorum。

产地: 分布于我国广西、广东、台湾等省区。越南也有分布。

习性: 喜温暖、湿润和光照充足环境，不耐寒。不择土壤。

栽培要点: 用播种或扦插法繁殖。播种土以酸性土混沙较好。播种苗3年后可定植。扦插宜在春、夏季进行，2年生苗即可定植。生长期间每10～15天施追肥1次，注意浇水，保持盆土湿润。花后适当整枝。

适生地区: 我国华东、华南、华中及西南地区。

园林应用: 野牡丹习性强健，抗性强，适合路边、林下或坡地种植，也是优良的水土保持植物。

• 白花野牡丹

161

宝莲花

学名: *Medinilla magnifica*

别名: 珍珠宝莲、宝石莲灯、粉苞酸脚杆

科属: 野牡丹科酸脚杆属

形态特征: 常绿灌木。株高30～100厘米。单叶对生，无叶柄，叶片卵形至椭圆形，革质有光泽，叶脉基出，全缘。穗状或圆锥花序下垂，花冠红色或粉红色，花外有粉红色或粉白色总苞片。浆果圆球形，花期4～5月。

产地: 原产于热带非洲和东南亚热带雨林，我国引种栽培。

习性: 喜高温、多湿和半阴环境，不耐寒、忌烈日曝晒。要求肥沃、疏松排水良好的壤土。

栽培要点: 主要用扦插和播种繁殖。扦插20～25天后愈合生根，当年可移栽。栽培地块以肥沃、排水性良好为佳。生长期要保持土壤湿润，并经常向植株浇水保持空气湿润，夏季适当遮阴，冬季需见全光。喜肥，半月施1次复合肥或腐熟液态肥。

适生地区: 我国华南南部及西南南部。

园林应用: 宝莲花株形优美，花大，观赏期长。露地应用较少，多用于温室内栽培观赏或盆栽。

162

银毛野牡丹

学名: *Tibouchina aspera* var. *asperrima*

科属: 野牡丹科绵毛木属

形态特征: 常绿灌木,株高1~3米。叶对生,茎四棱形,宽卵形,顶端稍尖,基部圆钝,心形。两面密被银白色绒毛,叶下较叶面密集。聚伞状圆锥花序,花冠淡紫色。花期夏、秋季。

产地: 原产于中美洲至南美洲,我国华南地区有栽培。

习性: 喜温暖、湿润环境,喜光、耐阴、耐热、不耐寒。对土壤要求不严,以疏松、排水良好的沙质土壤为佳。

栽培要点: 扦插繁殖,生长季节均为适期。定植时整地,疏松土壤,并施入基肥。植后保持土壤湿润,苗期每月施肥1次。成株粗放管理,一般不用施肥浇水。耐修剪,植株过高时可重剪。

适生地区: 我国华南南部、华东南部及西南南部。

园林应用: 银毛野牡丹株形优美,叶具银光,花色艳丽。适合公园、绿地、小区等路边、林缘、山石边栽培,也用于绿篱或花篱作地被植物。

163

巴西野牡丹

学名: *Tibouchina semidecandra*

科属: 野牡丹科绵毛木属

形态特征: 常绿小灌木,株高约1~4米。叶对生,长椭圆形至披针形,叶面具细茸毛,全缘,先端渐尖,基部楔形。花大型顶生,蓝紫色。蒴果杯状球形。花期春、夏、秋三季,主要集中在夏季。

产地: 原产于巴西。

习性: 性喜高温,喜光、耐旱,喜生于排水良好的沙质壤土中。

栽培要点: 主要用扦插及高压法繁殖。栽培土壤以腐叶土或沙质壤土为好。生长期间给予充足光照,保持土壤湿润,忌积水,干热季节及时补充水分,冬季应控制浇水。每月施肥1次,复合肥有机肥均可。耐修剪,可于花后修剪整形。

适生地区: 我国华南、华东南部及西南南部。

园林应用: 巴西野牡丹花姿清雅,秀丽可爱,适合公园、小区及庭院绿化,可丛植、群植,也可植成花篱。

棟科 Meliaceae

164

米兰

学名： *Aglaia odorata*

别名： 米仔兰、碎米兰

科属： 楝科米仔兰属

形态特征： 常绿灌木或小乔木，株高4～5米。小叶对生，厚纸质，先端钝，基部楔形，两面无毛。圆锥花序腋生，花小杂性，金黄色，有香气。花期5～12月，果期7月至次年3月。

产地： 产于我国广东、广西等省区。

习性： 性喜高温、多湿的气候和光照充足的环境，不耐寒、不耐旱。要求疏松、肥沃的土壤。

栽培要点： 繁殖用扦插、高枝压条或播种。栽培宜选择疏松、排水和透气良好的土壤。幼苗定植及成活后注意遮阴，忌强光曝晒，植株发新叶开始施肥，每月1次。土壤保持湿润，忌积水，雨季注意排水。成株应多见阳光，这样米兰不仅开花次数多，且香味浓郁。开花季节，忌干旱及冷风。

适生地区： 我国华南、华东南部及西南南部。

园林应用： 米兰花极香，是我国著名的香花树种，适合植于路边、池畔、庭前观赏，也可与其他花灌木配植。

紫金牛科 Myrsinaceae

165

朱砂根

学名: *Ardisia crenata*

别名: 富贵籽、红铜盘、大罗伞

科属: 紫金牛科紫金牛属

形态特征: 常绿灌木。株高30～150厘米。单叶互生，薄革质，长椭圆形，边缘有皱波状钝锯齿，齿间具隆起黑色腺点。伞形花序腋生，花冠白色或淡红色，有微香。核果球形，鲜红色。花期6～7月，果期10～12月。

产地: 原产于我国南部亚热带地区，日本也有分布。

习性: 喜温暖、湿润、荫蔽和通风的环境，耐热、耐瘠、较耐寒。要求排水良好的肥沃壤土。

栽培要点: 播种和扦插繁殖。定植时带宿土，植后浇水保湿。苗期每月施肥1次，以复合肥为主，可配施有机肥，冬季停肥。喜湿润，在生长期保持土壤湿润，不宜过干。成株后粗放管理。

适生地区: 我国长江流域及以南地区。

园林应用: 朱砂根四季常绿，果实累累，挂果期长，是优良的观果灌木。适宜园林中假山、岩石园中配植或庭院种植。

166

矮紫金牛

学名: *Ardisia humilis*

别名: 大叶春不老

科属: 紫金牛科紫金牛属

形态特征: 常绿灌木，株高1~2米。叶片革质，倒卵形或椭圆状倒卵形，稀倒披针形，顶端广急尖至钝，基部楔形，微下延，全缘。由多数亚伞形花序或伞房花序组成圆锥花序，花瓣粉红或红紫色。果球形，暗红色至紫黑色。花期3~4月，果期11~12月。

产地: 产于我国广东及海南省。

习性: 喜温暖、湿润及阳光充足的环境，耐热、耐瘠、不耐寒。不择土壤。

栽培要点: 播种或扦插繁殖。定植时带宿土，并施入适量有机肥。可粗放管理，一般苗期施几次有机肥或稀薄的有机液态肥，有利于植株快速生长。对水分要求不高，保持土壤稍湿润即可，过于干旱及时补水。

适生地区: 我国华南南部、华东南部及西南南部。

园林应用: 矮紫金牛叶大，果艳丽，观赏性佳。适合路边、花坛、山石边及池畔列植或丛植。

167

虎舌红

学名: *Ardisia mamillata*

科属: 紫金牛科紫金牛属

别名: 红毛毡、毛凉伞、山猪怕

形态特征: 多年生常绿亚灌木。植株高15~35厘米,茎枝有毛。叶互生,密集枝顶,倒卵形,尖端渐尖或钝尖,基部楔形,叶片正面颜色红润,布满凸起淡红色圆形腺点,叶背淡红色。伞形花序顶生或腋生,花序柄及花柄均长,花粉红色,花期夏季。核果球形,红色。果期秋季。

产地: 分布于我国广西、广东、云南、四川、贵州等省区。

习性: 喜温暖、半阴环境,喜光、忌阳光直射,喜温、忌干旱、不耐寒、怕水涝。喜肥沃疏松排水良好的微酸性土壤。

栽培要点: 常用播种、扦插和嫁接法繁殖。土壤以肥沃、排水良好的沙质土壤为佳,夏、秋季天气炎热需每天浇水1次,秋末冬季可2~3天浇水1次,阴雨天可以少浇或不浇,雨季积水及时排水。生长盛期,每月施肥1次,冬季一般停肥,果期应增施磷、钾肥。

适生地区: 我国华中、华东中南部、西南南部及华南地区。

园林应用: 虎舌红叶色靓丽,果实红艳可爱,是观叶观果的优良灌木。适合群植于林下或山石两旁。

168

东方紫金牛

学名: *Ardisia elliptica*

别名: 春不老

科属: 紫金牛科紫金牛属

形态特征: 常绿灌木,株高可达2米。叶厚,倒披针形或倒卵形,顶端钝或有时短渐尖,基部楔形,全缘。花序呈亚伞形花序或复伞房花序,近顶生或腋生于特殊花枝的叶状苞片上,花粉红色至白色。果红色至紫黑色。

产地: 产于我国台湾地区,马来西亚至菲律宾也有分布。

习性: 喜温暖、湿润及阳光充足的环境,耐热、耐旱、耐瘠、不耐寒。对土壤要求不严。

栽培要点: 播种或扦插繁殖。粗生,在生长季节均可移栽,须带宿土。生长期每年施肥1~2次,以复合肥为主。一般不用浇水,夏、秋干旱可适当补水。耐修剪,易萌发侧枝。

适生地区: 我国华南南部、华东南部及西南南部。

园林应用: 东方紫金牛繁殖容易,生长快,是优良的观果灌木。适合植于路边、池畔等处观赏,也可作绿篱栽培。

169

密鳞紫金牛

学名: *Ardisia densilepidotula*

别名: 罗芒树、山马皮、仙人血树

科属: 紫金牛科紫金牛属

形态特征: 大型灌木或小乔木,株高可达6～8米。叶革质,倒卵形或广披针形,顶端钝急或广急尖,基部楔形,下延,全缘。多回亚伞形花序组成的圆锥花序,顶生或近顶生,被鳞片,花瓣粉红色至紫红色。果球形。花期6～8月,有时秋冬也可见花。

产地: 产于我国海南省。

习性: 喜温暖、湿润及阳光充足的环境。

栽培要点: 播种或扦插繁殖。习性强健,在生长季节均可移栽,带宿土,植后浇透水保湿。对水肥要求不高,一般生长期每年施肥2～3次,以复合肥为主,一般不用浇水。花后如不留果,可剪除花枝,以防消耗营养。

适生地区: 我国华南南部、华东南部及西南南部。

园林应用: 密鳞紫金牛花开繁茂,淡紫色花极清雅,适合公园、庭院、社区等路边、池畔或一隅栽培。

桃金娘科 | Myrtaceae

170

红果仔

学名: *Eugenia uniflora*

别名: 番樱桃、扁樱桃

科属: 桃金娘科番樱桃属

形态特征: 常绿灌木或小乔。高可达6米。叶近无柄,卵形至卵状披针形,先端渐尖,钝头,基部圆形或微心形。两面无毛,有无数透明腺点。花单生聚生叶腋,白色,稍芳香。浆果扁圆形,熟时深红色。花期春季。

产地: 原产于巴西,我国引种栽培,南方地区栽培较多。

习性: 喜温暖、湿润环境,喜光、耐旱、不耐寒。要求疏松排水良好沙质壤土。

栽培要点: 繁殖采用扦插、压条及播种法。对栽培环境要求不高,移栽以早春为佳。移植成活后,每月施肥1次,促使枝条快速生长。开花结果期,增施磷、钾肥。耐修剪,一般早春进行。成株后可粗放管理。

适生地区: 我国华东南部、华南南部及西南南部。

园林应用: 红果仔花色洁白,具淡香,果实红艳可爱,是观花观果的优良灌木,多用于公园或庭院绿化美化。

171

松红梅

学名: *Leptospermum scoparium*

别名: 澳洲茶树、鱼柳梅

科属: 桃金娘科鳞子属

形态特征: 常绿小灌木,植株高约2米。叶互生,丛生状,线形或线状披针形。花有单瓣及重瓣之分,花色有红、桃红、粉红或深红色,花心多为深褐色。果实蒴果,革质,成熟时先端裂开。花期2~9月。

产地: 原产于新西兰、澳大利亚等地区。

习性: 喜温暖、湿润及阳光充足的环境,不耐寒。对土壤要求不严,但在富含腐殖质、疏松肥沃、排水良好的微酸性土壤中生长最好。

栽培要点: 用播种、扦插或高压法繁殖。栽培土壤但以排水良好富含腐殖质的沙质壤土为佳。夏季怕高温和烈日曝晒,应适当遮阴。生长期内每1~2个月施一次腐熟的稀薄液肥,平时保持土壤湿润,雨季注意排水,以防积水。每年在花后进行一次细致修剪,可矮化树冠,促使萌发新花枝。

适生地区: 我国华南南部、西南南部及华东南部。

园林应用: 松红梅开花繁茂,观赏性强。适合公园、小区的路边、坡地、亭廊旁绿化,也可用于岩石园或池畔或山石边绿化。

172

桃金娘

学名： *Rhodomyrtus tomentosa*

别名： 岗棯、山棯

科属： 桃金娘科桃金娘属

形态特征： 常绿小灌木，高0.5～2米。叶对生，革质，椭圆形或倒卵形，先端钝，基部楔形，表面深绿色，无毛，背面灰绿色，密披茸毛。聚伞花序腋生，花有红、粉红、白、玫瑰红色。浆果球形。花期5～7月，果期7～9月。

产地： 产于我国南部地区，中南半岛、日本、菲律宾也有分布。

习性： 喜阳光充足及暖湿气候，为酸性土指示植物。较耐旱，不耐寒。宜栽于疏松的酸性土壤中。

栽培要点： 播种繁殖，种子采后即可播种。移植野生苗，可于早春发芽菜裸根移栽，浇透水保持土壤湿润，成活后待新枝长出即可随时修剪整型。桃金娘习性极强健，粗放管理，一般不用施肥及浇水。

适生地区： 我国华南、西南南部及华东南部。

园林应用： 桃金娘习性强健，花果均可观赏，是富有野趣的观赏植物。适合公园、小区、庭院等绿化，也可用于作水土保持植物。

木犀科 Oleaceae

173

探春

学名: *Jasminum floridum*

别名: 迎夏、鸡蛋黄

科属: 木犀科素馨属

形态特征: 直立或攀援灌木,高可达3米。叶互生,复叶,小叶3或5枚,稀7枚,小枝基部常有单叶,小叶卵形、卵状椭圆形至椭圆形,稀倒卵形或近圆形。先端急尖,具小尖头,稀钝或圆形,基部楔形或圆形。聚伞花序或伞状聚伞花序顶生,花冠黄色,近漏斗状。花期5~9月,果期9~10月。

产地: 产于我国河北、陕西、山东、河南、湖北、四川、贵州等省区。

习性: 喜温暖、湿润及阳光充足的环境,较耐热、不耐寒。不择土壤,以肥沃、排水良好的土壤为佳。

栽培要点: 极易繁殖,采用压条、扦插、分株法。定植选择土壤疏松、肥沃土壤,植后浇透水保湿。对肥水要求不高,在干旱天气及时补充水分,苗期每年施肥2~3次,以复合肥为主。成株后粗放管理。

适生地区: 我国长江流域及华北、西北地区。

园林应用: 探春叶翠绿,花金黄,是优良的观花树种。适合林下、路边、池畔或山石边种植观赏,也是庭院绿化的优良材料。

174

茉莉花

学名： *Jasminum sambac*

别名： 抹厉

科属： 木犀科素馨属

形态特征： 常绿攀援状灌木，株高约1米。单叶对生，纸质，宽卵形或椭圆形，有时近倒卵形，顶端急尖或钝而具小凸尖，基部阔楔形、近圆形或近心形。聚伞花序顶生，花冠白色，芳香，常重瓣。一般不结果。花期春、秋两季。栽培的同属植物有毛茉莉 *Jasminum multiflorum*。

产地： 原产于印度、巴基斯坦等国，现广泛栽培于世界各地。

习性： 喜温暖、湿润、耐半阴、不耐寒、不耐旱、不耐湿涝和盐碱。喜肥沃和排水良好的酸性沙质壤土。

栽培要点： 多用扦插法繁殖，也可分株和压条，扦插繁殖于4~10月进行。茉莉花应植于疏松、排水良好的地块，定植前施入有机肥。植后注意补充水分，特别是夏、秋干旱季节及时补水，入秋降温后要适当控制水分。生长时期注意施肥，每年2~3次。耐修剪，花后可重剪更新，株龄较小可多次摘心促发分枝。

• 毛茉莉

适生地区： 我国华南、华东及西南地区。

园林应用： 茉莉花花色素雅，具清香，是优良的香花树种。适合公园、小区及庭院栽培欣赏，也可植成花篱。

175

山指甲

学名： *Ligustrum sinense*

别名： 小蜡树、水黄杨、青皮树

科属： 木犀科女贞属

形态特征： 半常绿灌木，植株高达3~6米。单叶对生，叶片纸质或薄革质，叶椭圆形或卵状椭圆形或近圆形，背面中脉有毛。圆锥花序顶生或腋生，塔形，花冠白色。浆果近球形。花期5~6月，11月果熟。

产地： 原产于我国，分布于长江以南各省区。多生于村边、山坡、草丛中。

习性： 喜温暖、湿润气候环境，较耐寒、不耐旱、耐修剪。不择土壤。

栽培要点： 以播种繁殖为主，也可采用绿枝扦插法。习性极强健，管理粗放。对肥水要求不高，定植成活后施1~2次肥料，在较干旱的天气时补充水分，成株后粗放管理。耐修剪，入冬后进行。

适生地区： 我国长江流域及以南地区。

园林应用： 山指甲易栽培，管理容易，花洁白，有较强的观赏性。适合路边、林缘、草地等处丛植、片植观赏，也可作绿篱、绿墙。

柳叶菜科 | Onagraceae

176

倒挂金钟

学名: *Fuchsia hybrida*

别名: 吊钟海棠、灯笼海棠、灯笼花

科属: 柳叶菜科倒挂金钟属

形态特征: 亚灌木。株高30~150厘米,嫩枝细长。叶对生或三叶轮生,卵形至卵状披针形,叶缘有锯齿,端尖。花单生于嫩枝上部叶腋处,具长梗而花朵下垂。花筒圆锥形,有粉红、紫红、杏红和白等色。花期1~2月。

产地: 原产于墨西哥、秘鲁、智利和西印度群岛。

习性: 喜温暖气候,喜光,忌强光直射,不耐低温,怕酷暑湿热。要求富含腐殖质、疏松肥沃、排水良好的沙质壤土。

栽培要点: 主要扦插繁殖。定植的土壤需疏松、肥沃、排水良好,忌黏重土壤。植后加强肥水管理,生长期间要掌握薄肥勤施的原则,半个月施1次稀薄饼肥或复合肥料,开花期间增施磷、钾为主的液态肥,但高温季节停止施肥。保持土壤湿润,切忌积水。

适生地区: 我国华南南部、华东南部及西南南部。

园林应用: 倒挂金钟花形奇特,似灯笼悬于枝条之上,极为雅致。多作盆栽,也可用于花坛、花境、山石边栽培。

棕榈科 **Palmae**

177

散尾葵

学名: *Chrysalidocarpus lutescens*

别名: 黄椰子

科属: 棕榈科散尾葵属

形态特征: 常绿灌木或小乔木。株高3～8米,丛生,基部分蘖较多。羽状复叶,小叶线形或披针形,左右两侧不对称。佛焰花序生于叶鞘束下,呈圆锥式花序,花小,卵球状,金黄色,螺旋状着生于小穗上。果近球形,紫黑色。花期3～5月,果期8月。

产地: 原产于非洲马达加斯加,我国各地多有栽培。

习性: 喜温暖多湿和半阴环境,不耐寒、畏强光曝晒。对土壤要求不严格,但以疏松并含腐殖质丰富的土壤为宜。

栽培要点: 可用播种、分株法繁殖,常用分株法。定植宜选择土质疏松、肥沃的地块,植后浇透水并向植株喷水保湿。在生长期应保持土壤湿润,干燥天气多向植株喷水,以防叶尖黄化。每月施肥1次,复合肥或有机肥均可。每年开春后将枯枝、枯叶及时剪除。

适生地区: 我国华南、华东南部及西南南部。

园林应用: 散尾葵株形优美,叶色翠绿,极具南国风情。适合学校、办公场所、庭院的一隅或窗外栽培,也可丛植于路边、山石边、池畔等。

178

袖珍椰子

学名： *Chamaedorea elegans*

别名： 矮生椰子、矮棕

科属： 棕榈科袖珍椰子属

形态特征： 常绿小灌木，株高1~2米。茎干直立，不分枝。叶丛生于枝干顶，羽状全裂，裂片披针形，互生，深绿色，有光泽。肉穗花序腋生，雌雄异株，花黄色，呈小球状。浆果橙黄色。花期春季。

产地： 原产于墨西哥北部和危地马拉，主要分布在中美洲热带地区。

习性： 喜高温、高湿及半阴环境，怕阳光直射、不耐寒。要求疏松肥沃、排水良好的壤土。

栽培要点： 用播种繁殖，播种时宜随采随播，春季时将新鲜种子播于河沙中，约需3~6个月才能出苗，次年春天可分苗上盆种植。宜植于土壤肥沃、排水良好的地块，并施入适量基肥，生长季每月施1~2次液肥。经常保持土壤湿润，忌过干。

适生地区： 我国华南南部、西南南部及华东南部。

园林应用： 袖珍椰子株丛矮小，株形美观，别具风情，多盆栽欣赏，也可用于假山石边或布置热带园林温室。

179

棕竹

斑叶棕竹

多裂棕竹

学名: *Rhapis excelsa*

别名: 观音竹

科属: 棕榈科棕竹属

形态特征: 常绿丛生灌木。株高2～3米。叶集生茎顶,掌状深裂。肉穗花序腋生,花小,淡黄色,花单性,雌雄异株。浆果球形。花期4～5月,果期10月。常见栽培的同属植物有多裂棕竹*R. multifida*,斑叶棕竹*R. excelsa* 'Variegata'。

产地: 原产于我国南部地区和印度尼西亚,日本也有分布。常繁生山坡、沟旁荫蔽潮湿的灌木丛中。

习性: 喜温暖、湿润环境,耐阴、忌强光直射。适宜排水良好、肥沃、微酸性的沙壤土。

栽培要点: 常用分株和播种繁殖。分株在春季进行。定植前疏松土壤,并施入有机肥,生长季节保持土壤湿润并经常向叶面喷水。每年施肥2～3次,及时剪除枯叶。

适生地区: 我国华南、西南及华东南部。

园林应用: 棕竹枝叶繁茂,终年常绿,是优良的观叶植物。适合园路、山石边或墙垣边丛植、片植、列植。

180

短穗鱼尾葵

学名： *Caryota mitis*

别名： 酒椰子

科属： 棕榈科鱼尾葵属

形态特征： 大灌木，丛生，小乔木状，株高5~8米。茎干直立不分枝。叶大型，羽状二回羽状全裂，羽片呈楔形或斜楔形，外缘笔直，内缘弧曲成不规则的齿缺，酷似鱼尾，叶厚而硬。肉穗花序下垂，小花淡绿色。果球形，成熟时紫红色。花期4~6月，果期8~12月。

产地： 产于我国海南及广西等省区，东南亚也有分布。

习性： 喜温暖、湿润及光照充足的环境，也耐半阴，忌强光直射，不耐寒、不耐旱。要求排水良好、疏松肥沃的土壤。

栽培要点： 主要以播种法繁殖，也可采用分株法。栽植地块宜选择排水良好的沙质土壤，植后浇透水保持土壤湿润，成活后即可施薄肥，生长季节施肥2~3次，夏季干旱季节及时补水。成株可粗放管理。

适生地区： 我国华南南部、华东南部及西南南部。

园林应用： 短穗鱼尾葵生长茂盛，枝叶婆娑，极具热带风情。适合列植、丛植路边、墙垣边或庭院一隅种植。

181

红槟榔

学名: *Cyrtostachys renda*

别名: 猩红椰子、红椰子、红棒椰子

科属: 棕榈科猩红椰子属

形态特征: 常绿灌木，株高4～5米。叶顶生，羽状复叶线形，尾部锐尖，表面浓绿色，背面灰绿色。叶柄与叶鞘猩红色。肉穗花序下垂，花单生，雌雄同株，花红色。

产地: 原产于马来西亚，巴布亚新几内亚及太平洋一些岛屿。

习性: 喜高温、多湿及光照充足的环境，耐热、不耐寒、不耐旱；要求肥沃排水良好的沙质土壤。

栽培要点: 播种或分株法繁殖，种子随采随播。定植时疏松土壤并施入适量有机肥，植后浇水保湿。成活后开始施肥，每年2～3次，以复合肥为主。干旱季节及时补充水分，切忌过干。红槟榔生长较慢，约需10～15年，叶柄与叶鞘才会变红。

适生地区: 我国云南南部及海南。

园林应用: 红槟榔叶柄与叶鞘猩红色，株形优美，是观赏性极佳的观叶、观茎植物。适用于庭园绿化及草坪丛植。

商陆科 Phytolaccaceae

182

小商陆

学名: *Rivina humilis*

别名: 蕾芬、数珠珊瑚、珊瑚珠

科属: 商陆科蕾芬属

形态特征: 常绿半灌木,茎直立。叶互生,卵形,顶端长渐尖,基部急狭或圆形,边缘有微锯齿。总状花序直立或弯曲,腋生,稀顶生,花白色或粉红色。果近球形,浆果,红色或橙色。花果期几乎全年。

产地: 产于中美洲。

习性: 喜温暖、湿润及阳光充足的环境,耐热、耐瘠、较耐寒;不择土壤。

栽培要点: 播种及扦插繁殖,可自播繁殖,春、夏为适期。习性极为强健,可粗放管理。一般不用施肥、浇水。果期过后可修剪整型,植株老化强剪更新,强剪后可施肥促发新枝。

适生地区: 我国华东、华南、华中南部及西南中南部。

园林应用: 小商陆花果期极长,观赏性高。适合路边、草坪边缘、林缘或池畔种植观赏,也适合庭院栽培。

海桐花科 Pittosporaceae

183

海桐

学名: *Pittosporum tobira*

别名: 山攀花、七里香、海桐花

科属: 海桐花科海桐属

形态特征: 常绿小乔木或灌木，高达3米。单叶互生，有时在枝顶呈轮生状，狭倒卵形，全缘，顶端钝圆或内凹，基部楔形，边缘常外卷，有柄。聚伞花序顶生，花白色或带黄绿色，芳香。蒴果近球形。花期3～5月，果熟期9～10月。栽培的同属植物有光叶海桐 *P. glabratum*，花叶海桐 *P. tobira* 'Variegatum'。

产地: 分布于我国浙江、福建、广东等省，日本、朝鲜也有分布。

习性: 喜温暖、湿润的气候，喜光，亦较耐阴。对土壤要求不严，一般土壤均能生长。

栽培要点: 采用播种或扦插繁殖。对土壤要求不严，但以肥沃排水良好的沙质壤土为佳。植后浇水保湿，等新枝长出时施肥，每月施肥1次。耐修剪，可修剪成球状。成株不耐移植，如移植需带土球。

光叶海桐

适生地区: 我国华南、华东南部及西南中南部。

园林应用: 海桐株形优美，叶色翠绿，花具芳香，是著名的观赏树种。适合庭院及公园等丛植于窗前、路边等。亦可作绿篱栽植。

花叶海桐

蓝雪花科 Plumbaginaceae

184

蓝雪花

学名: *Plumbago auriculata*

别名: 蓝花丹、蓝茉莉、花绣球

科属: 蓝雪花科白花丹属

形态特征: 常绿小灌木,株高1~2米。单叶互生,叶薄,全缘,短圆形或矩圆状匙形,先端钝而有小凸点,基部楔形。穗状花序顶生和腋生,花冠淡蓝色,高脚蝶状,管狭而长。花期6~9月。栽培的同属植物有红雪花 *P. indica*。

产地: 原产于南非,现在世界热带各地均有栽培。

习性: 喜温暖、湿润环境,喜光、稍耐阴、不耐寒、不耐旱。要求富含腐殖质、排水良好的沙质壤土。

栽培要点: 多采用扦插、分株法繁殖,也可播种繁殖。播种宜春季进行,扦插可在春季、夏初或夏末进行。移植时带宿土,植后浇透水。每月施肥1次,生长期以氮肥为主,花芽分化及花期增施磷、钾肥。每年花后适当修剪,如栽培几年后植株老化可重剪更新。

适生地区: 我国华南、华东南部及西南南部。

园林应用: 蓝雪花开花繁茂,花色淡雅,是极佳的观花灌木。适合花坛及草坪美化绿化,也是庭院绿化的优良材料。

• 红雪花

185

白雪花

学名: *Plumbago zeylanica*

别名: 白缎带花、白花丹

科属: 白花丹科白花丹属

形态特征: 常绿半灌木,高1~3米。叶纸质,卵形至矩圆状卵形,顶端急尖至渐尖,基部宽楔形,无毛。穗状花序顶生和腋生,花冠高脚蝶状,白色或蓝白色。蒴果长椭圆形,淡黄褐色。花期10月至次年3月,果期12月至次年4月。栽培变种有尖瓣白花丹 *P. zeylanica* var. *oxypetala*。

产地: 原产于热带地区,我国分布于云南、四川、贵州、广西、广东、福建、台湾等省区。

习性: 喜温暖气候,不耐热、不耐寒。喜疏松肥沃的沙质土壤。生于半阴或阴湿处。

栽培要点: 多用播种繁殖,小苗4~5片叶时可定植,定植后要充分浇水,成活后保持土壤湿润,不可积水,雨季注意排水。对肥料要求不高,每月施1次稀薄液肥或复合肥。耐修剪,株形较差时可重新更新。

适生地区: 我国华南、华东、西南及华中地区。

园林应用: 白雪花花色洁白素雅,精致可爱。适合布置花坛、花台或植于花境观赏,也可用于路边、林下或水岸边绿化。

蔷薇科 | Rosaceae

186

火棘

学名: *Pyracantha fortuneana*

别名: 火把果、救军粮

科属: 蔷薇科火棘属

形态特征: 常绿灌木或小乔木。单叶互生，倒卵形或倒卵状长圆形，先端钝圆开微凹，有时具短尖头，基部楔形，边缘有钝锯齿。复伞房花序，花白色。果近球形，深红色或橘红色。花期4~5月，果期9~11月。

产地: 分布于我国黄河以南及广大西南地区。

习性: 喜强光，耐阴，有一定的耐寒性，耐贫瘠，抗干旱。喜排水良好、酸碱适中的肥沃土壤。

栽培要点: 播种或扦插繁殖。火棘不耐移植，宜在早春进行，带土球，不要伤根，并重剪防水分蒸发。定植成活后开始施肥，每年2~3次，复合肥为主。成株后枝条散乱，可疏剪或短截，以调整树形。

适生地区: 我国华中、西北、华南、华东及西南地区。

园林应用: 火棘枝叶繁茂，花白如雪，果实累累，观赏性极佳。适合园林中丛植、孤植于草地边缘、山石边或池畔。

187

春花

学名: *Raphiolepis indica*

别名: 车轮梅、石斑木

科属: 蔷薇科石斑木属

形态特征: 常绿直立灌木,高1~4米。叶革质,卵形至矩圆形或披针形,先端短渐尖或略钝,基部狭而成一短柄,边缘有小锯齿,托叶锥尖。圆锥花序或总状花序顶生,花白色或淡粉红色,花期夏季。梨果球形,紫黑色。花期4月,果期7~8月。栽培的同属种有柳叶石斑木 *R. salicifolia*。

产地: 原产于我国南部,日本、老挝、越南、柬埔寨、泰国和印度尼西亚也有分布。

习性: 喜温暖、湿润及光照充足的环境,耐热、耐旱、耐瘠,略耐寒。不择土壤。

栽培要点: 繁殖常采用播种法,一般春播也可用高压法。习性强健,小苗定植成活后,生长期内施肥2~3次,并保持土壤湿润。耐修剪,从苗期开始修剪整形。成株可粗放管理。

适生地区: 我国华东、华中、华南及西南地区。

园林应用: 春花花繁叶茂,树形优美,适合坡地、溪边、路边、山石边栽培,也是优良的水土保持树种。

188

重瓣蔷薇莓

学名: *Rubus rosaefolius var.corinarius*

别名: 重瓣空心泡、佛见笑、荼蘼花

科属: 蔷薇科悬钩子属

形态特征: 常绿灌木,株高2~3米。小叶5~7枚,卵状披针形或披针形,顶端渐尖,基部圆形,具腺点,边缘有尖锐缺刻状重锯齿。花常1~2朵顶生或腋生,重瓣,白色,具芳香。花期3~5月。

产地: 产于我国陕西、云南等省,印度、印度尼西亚及马来西亚也有分布。

习性: 喜温暖、湿润的气候,喜半阴,耐热、不耐寒。对土壤要求不严。

栽培要点: 分株繁殖。栽培基质以疏松、肥沃的沙质土壤为佳,生长期施肥3~5次,以复合肥为主。保持土壤湿润,忌过干。耐修剪,花后及时将残花剪除并整形。

适生地区: 我国华南、华东中南部及西南南部。

园林应用: 重瓣蔷薇莓花朵洁白,清新自然,多用于公园、小区或庭院丛植或片植,也适合花坛或花境栽培。

茜草科 Rubiaceae

189

栀子

学名: *Gardenia jasminoides*

别名: 山栀子、黄栀、水横枝

科属: 茜草科栀子花属

形态特征: 常绿灌木或小乔木，高达2米。叶对生或3叶轮生，叶片革质，长椭圆形或倒卵状披针形，全缘。花单生于枝端或叶腋，白色，芳香，花萼绿色，圆筒状，花冠高脚蝶状。果实椭圆形或长卵圆。花期5~7月，果期8~11月。栽培变种有白蟾*G. jasminoides var. fortuniana*，斑叶栀子 *G. jasminoides* 'Variegata'。

产地: 分布于我国南部和中部，越南、日本也有分布。

习性: 喜温暖、湿润气候，较耐阴、不耐严寒。宜疏松肥沃的沙质酸性壤土。

栽培要点: 多采用扦插繁殖。栽培用土由微酸的砂壤红土7成、腐叶质3成混合而成。生长期给以充足水分，浇水应浇透。夏季应向叶面喷雾以增加空气湿度，冬季土壤以偏干为好。生长旺季可每半月追肥1次，为防止黄叶，可补施一些硫酸亚铁。

适生地区: 我国华北、西北及长江流域以南地区。

园林应用: 栀子叶色光亮，花香馥郁，对腐蚀性气体有一定的抵抗性，是公园、绿地、庭院绿化的优良树种，可用作绿篱或林缘、山石边点缀。

斑叶栀子

白蟾

190

狭叶栀子

学名: *Gardenia stenophylla*

别名: 野白蝉

科属: 茜草科栀子属

形态特征: 灌木,株高可达3米,全株无毛。叶对生,常密集,薄革质,条状披针形至披针形,顶端渐尖而尖端常钝,基部渐狭,常下延。花单生于叶腋或小枝顶部,花冠白色,高脚蝶状,芳香,萼筒倒圆锥状。果黄色或红黄色,长椭圆状或椭圆状。花期4～8月,果期5月至次年1月。栽培的同属植物有粗栀子 *G. scabrella*。

产地: 原产于我国安徽、浙江、广东、广西和海南等省区,越南也有种植。

习性: 喜温暖、湿润环境,不耐寒、较耐阴、忌强光。以疏松、肥沃的微酸性土为佳。

栽培要点: 用扦插繁殖。栽培用土以肥沃疏松、排水良好的微酸性土为好,生长期给以充足水分,保持土壤湿润。夏季应向叶面喷雾以增加空气湿度,冬季土壤不宜太湿。生长旺季,可每月追肥1次,适当补充硫酸亚铁可防止黄叶发生。

适生地区: 我国长江流域及以南地区。

园林应用: 狭叶栀子花洁白芳香,适合水岸边、路边或林缘下种植观赏,也可用于花坛及岩石园配植。

• 粗栀子

191

希茉莉

学名: *Hamelia patens*

别名: 长隔木、醉娇花、希美莉

科属: 茜草科长隔木属

形态特征: 多年生常绿灌木。植株高2~3米。全株具白色乳汁。叶轮生,长披针形,纸质,腹面深绿色,背面灰绿色,叶面较粗糙,全缘。聚伞圆锥花序,顶生。管状花橘红色。温度适宜,可全年开花。

产地: 分布于热带美洲地区。

习性: 喜高温、高湿、阳光充足的气候条件,耐阴,耐旱,忌瘠,不耐寒。对土壤要求不严,以排水、保水良好的微酸性沙质壤土为佳。

栽培要点: 以扦插繁殖为主,在南方全年均可进行,生根后待植株长至15厘米时定植。希茉莉适应性强,对水肥无特殊要求,一般每月施肥1次,干旱季节及时补水。植株耐修剪,萌芽力强,可于早春重剪更新。

适生地区: 我国华南南部、华东南部及西南南部。

园林应用: 希茉莉花期长,花秀丽可爱,是优良的观花灌木。适合墙垣边、路边或坡地绿化,也可用于花坛、岩石园等栽培。

192

龙船花

学名: *Ixora chinensis*

别名: 英丹、木绣球、山丹

科属: 茜草科龙船花属

形态特征: 常绿小灌木,株高0.5~2米。小枝深棕色。叶对生,薄革质,椭圆形或倒卵形,先端急尖,基部楔形,全缘,主脉两面突出。聚伞花序顶生,花冠高脚蝶状,红色。浆果近球形,成熟时黑红色。花期全年。常见栽培的同属植物有黄龙船花 *Ixora lutea*、大王龙船花 *Ixora duffii* 'Super King'、大黄仙丹 *Ixora coccinea* 'Gillettes Yellow'。

产地: 原产于我国南部地区和马来西亚,现广泛分布于我国广东、广西、台湾、福建等省区。

习性: 喜高温、多湿和阳光充足环境,不耐寒、耐半阴、不耐水湿和强光。要求富含腐殖质、疏松、肥沃的酸性土壤。

栽培要点: 主要用播种和扦插繁殖。栽培土壤可用培养土、泥炭土和粗砂的混合土壤,幼苗定植后,苗高25厘米左右时摘心,促使萌发侧枝。生长期每月施肥1次,当发现叶黄化时,可施矾肥水。生长期需充足水分,保持土壤湿润,有利于枝梢萌发和叶片生长,切忌积水。耐修剪,可于花后修剪调整株形。

适生地区: 我国华东南部、华南及西南南部。

园林应用: 龙船花花色鲜艳,生长势强。适宜庭园栽植观赏,也可用于灌丛、林下或道路边缘布置。

193

粉萼花

学名: *Mussaenda hybrida* 'Alicia'

别名: 粉萼金花

科属: 茜草科玉叶金花属

形态特征: 半落叶灌木，株高1～3米。叶对生，长椭圆形，顶端浙尖，基部楔形，全缘。聚伞房花序顶生，花萼裂片5，全部增大为粉红色花瓣状，花冠金黄色，高脚碟状，喉部淡红色。花期6～10月。

产地: 园艺杂交种，热带地区多有栽培。

习性: 喜高温及日光充足环境，耐热、不耐寒。对土壤要求不严，喜富含腐殖质的壤土或沙壤土。

栽培要点: 扦插繁殖。生长期均为适期，扦插成活后，苗高15～20厘米时可定植，宜植于疏松、肥沃的地块，植后浅透水保持土壤湿润。对肥水要求一般，每月施肥1次，成株可粗放管理。耐修剪，植物老化可重剪更新。

适生地区: 我国华南南部、华东南部及西南南部地区。

园林应用: 粉萼花开花繁茂，花期长，是优良的观花灌木。适合公园、庭院及园林绿地栽培、片植。

194

楠藤

学名: *Mussaenda erosa*

别名: 厚叶白纸扇

科属: 茜草科玉叶金花属

形态特征: 攀援灌木,株高约3米。枝条有皮孔。叶对生,纸质,卵形、长圆形至长圆状椭圆形,顶端短或长尖,基部楔尖。伞房状多歧聚伞花序顶生,花疏生,花冠橙黄色。浆果近球形。花期4~7月,果期9~12月。

产地: 分布于我国华南、西南地区,日本也有分布。生林中,常攀援于树冠上。

习性: 喜温暖、湿润环境,耐热、不耐寒。不择土壤。

栽培要点: 扦插繁殖,生长期均为适期。移植时带宿土,并施足有机肥,定植后浇透水保湿,雨季注意排水。粗生,一般苗期每月施肥1次,成株后粗放管理。耐修剪,入冬前修剪,促生分枝,使株形丰满。

适生地区: 我国西南、华南、华中及华东地区。

园林应用: 楠藤生长快,枝叶茂盛,适合路边、坡地孤植、丛植或列植,也可与其他花灌木配植于水岸,山石边。

195

红纸扇

学名: *Mussaenda erythrophylla*

别名: 红玉叶金花

科属: 茜草科玉叶金花属

形态特征: 半落叶灌木,株高约1~3米。叶对生,纸质,椭圆形披针状,顶端长渐尖,基部渐窄,两面被稀柔毛,叶脉红色。聚伞花序顶生,花萼裂片5,其中一片明显增大为红色花瓣状,花冠金黄色。花期夏季,果期秋季。栽培的同属植物有白纸扇 *M. philippics*。

产地: 原产于西非,我国有引种。

习性: 喜温暖、湿润气候,喜光,不耐寒。以排水良好、富含腐殖质的壤土或沙质土壤为佳。

栽培要点: 常用扦插繁殖,春季选择充实健壮的嫩枝扦插,插后约15天生根,1个月后移植于苗圃中,株高20厘米时可定植,移植时带宿土,植于土壤肥沃的微酸性土壤地块为宜,植后浇透水保湿,每月施肥1次。成株后对肥水要求不高,一般花期可增施2次磷、钾肥。耐修剪,花后修剪整枝。

· 白纸扇

适生地区: 我国华南南部、华东南部及西南南部。

园林应用: 红纸扇生长繁茂,花色鲜艳,花期长。适合丛植、片植于林缘、路边、草坪或庭院栽植观赏,也可配植于假山石边或池畔欣赏。

196

满天星

学名： *Serissa japonica*

别名： 六月雪

科属： 茜草科白马骨属

形态特征： 常绿或半常绿丛生灌木，株高约1米。叶对生或成簇生状，卵形或狭椭圆形，全缘，顶端短尖至长尖，全缘。花单生或多朵簇生，花白色带红晕，花冠漏斗状。花期5～6月，果期8～9月。常见栽培的同属品种有金边六月雪 *S. japonica* 'Variegata'、红花六月雪 *S. japonica* 'Rubescens'。

产地： 产于我国华中、华南、华东地区，日本亦有分布。

习性： 喜温暖、温湿，耐阴，忌强光。对土壤要求不严，微酸性或中性土壤均能适应。

栽培要点： 以扦插繁殖为主，也可采用分株或压条，分株及扦插多在春季进行，压条生长季节均可。生育期间应保持土壤稍湿润，炎热夏季应及时补水。生长季节可追施液肥3～4次。冬季停肥，控制浇水。耐修剪，可于早春进行。

适生地区： 我国华中、华南、华东及西南地区。

园林应用： 满天星叶色光亮，花色洁白可爱。适合公园、小区的路边作绿篱或花篱栽培，也可用于花坛、花台或用于坡地绿化。

红花六月雪

• 金边六月雪

• 金边六月雪

芸香科 Rutaceae

197

金橘

学名: *Citrus japonica*

别名: 金柑、金枣

科属: 芸香科金橘属

形态特征: 常绿灌木或小乔木,株高3~4米。单叶互生,叶片披针形至矩圆形,顶端略尖或钝,基部宽楔形或近于圆,全缘或具不明显的细锯齿。单花或2~3朵花集生于叶腋处,花两性,白

·金弹

色,芳香。果矩圆形或卵形,金黄色,果皮肉质而厚,平滑,有许多腺点,有香味。夏末开花,秋冬果熟。常见栽培的同属植物有金弹 *F. crassifolia*。

产地: 产于我国。

习性: 喜温暖、湿润和日照充足的环境,稍耐寒、不耐旱。要求富含腐殖质、疏松肥沃和排水良好的中性培养土。

栽培要点: 用嫁接、播种、压条等法繁殖。定植时选择肥沃、排水良好的微酸性或中性的沙质壤土。夏季适当遮阴,浇水保持土壤湿润,并经常喷水降温保湿,雨天应及时排水。生长期施肥2~3次,复合肥或有机肥均可。秋、冬控水。果后修剪整形。

适生地区: 我国华东南部、华南及西南南部。

园林应用: 金橘果实圆润,有较高的观赏价值,是南方主要的年宵花卉之一。多盆栽观赏,也可植于林缘、园路边或庭前。

198

九里香

学名： *Murraya exotica*

别名： 千里香、月橘、木万年青

科属： 芸香科九里香属

形态特征： 常绿灌木或小乔木。株高1~2米。嫩枝呈圆柱形，表面灰褐色，具纵皱纹。奇数羽状复叶互生，小叶3~9枚，卵形、匙状倒卵形或近菱形，全缘。聚伞花序顶生或腋生，花白色。浆果近球形，肉质红色。花期7~10月，果熟期10月至次年2月。栽培的同属植物有广西九里香*M. dwangsiensis*。

产地： 原产于亚洲热带及亚热带地区。

习性： 喜温暖、湿润气候，喜光，也耐半阴，不耐寒、稍耐干旱，忌积涝。对土壤要求不严，但以疏松肥沃、含大量腐殖质、排水良好的中性培养土为好。

栽培要点： 繁殖一般都用高压法和分株法。九里香对水分要求较高，浇水要适度，孕蕾前适当控水，促其花芽分化，孕蕾后及花期，土壤以稍偏湿润而不渍水为好。喜肥，植前施入有机肥，生长期半月左右施1次氮磷钾复合肥，忌单施氮肥，否则枝叶徒长而不孕蕾。花后修剪，将枯枝、徒长枝、过密枝疏剪。

适生地区： 我国华东南部、华中南部、华南及西南中南部。

园林应用： 九里香花色洁白芳香，果实红艳，观赏性佳，适合作绿篱，也可孤植或丛植于路边、一隅。

山榄科 Sapotaceae

199

神秘果

学名: *Synsepalum dulcificum*

别名: 梦幻果、奇迹果

科属: 山榄科神秘果属

形态特征: 常绿灌木,树高可达2~5米。初叶为浅绿色,老叶呈深绿或墨绿色,呈倒披针形或倒卵形,多数丛生枝端或主干互生,叶脉明显,侧脉互生。花开叶腋,花乳白或淡黄色,全年开花,花有淡椰奶香味。果为绿色椭圆体浆果,成熟后呈鲜红色。花期2~5月,果期4~7月。

产地: 原产于西非,自然分布在西非至刚果一带,印度尼西亚也有发现。

习性: 喜高温、高湿,耐热、不耐寒。

喜排水良好、富含有机质酸性沙质土壤。

栽培要点: 神秘果以种子、扦插、空中压条等方法繁殖,以播种为主,种子随采随播。选择排水良好、有机质含量较高的低洼地或平缓坡地种植。当小苗长到5厘米左右,有4~5片真叶时,可进行移植,在苗期要加强肥水管理和适当荫蔽,神秘果生长缓慢,一般植后3~4年才开花结果,冬季要注意防寒。

适生地区: 我国华南南部、华东南部及西南南部。

园林应用: 神秘果果实红艳可爱,适合公园、庭院等孤植或丛植。

虎耳草科 | Saxifragaceae

200

泽八仙

学名: *Hydrangea serrata* f. *acuminata*

别名: 泽八绣球

科属: 虎耳草科绣球属

形态特征: 常绿灌木,株高约1米左右。叶对生,边缘具锯齿,先端渐尖,基部楔形。聚伞花序排成伞形状,顶生。花二型,不育花具长柄,生于花序外侧,花瓣退化,萼片花瓣状,3~5枚。孕性花小,具短柄,花瓣4~5枚。花期春季。

产地: 本变型原产于日本及朝鲜,植物志认为我国未发现本变型。本图植物原产于我国广西,杭州植物园定名为泽八仙,为存疑种。

习性: 喜温暖、湿润的环境,喜光、耐热、耐瘠、不耐寒。不择土壤。

栽培要点: 扦插繁殖。移栽时带土球,植后浇透水保持土壤湿润,并适当遮光。成活后小苗每年施肥2~3次,苗高25厘米时摘心促发分枝。成株可粗放管理。耐修剪,植株过高时可短截。

适生地区: 我国华东、华南及西南地区。

园林应用: 泽八仙花色淡雅,色丽可爱,适合公园、庭院或小区种植,可丛植、片植于林下、山石边或水岸边。

· 银边八仙花

201

八仙花

学名: *Hydrangea macrophylla*

别名: 绣球、草绣球、紫阳花、粉团花

科属: 虎耳草科绣球属

形态特征: 落叶或半常绿灌木。叶大而对生,浅绿色,有光泽,呈椭圆形或倒卵形,边缘具钝锯齿。伞房花序顶生,球状,有总梗。不育花萼片4枚,阔倒卵形、近圆形或阔卵形,粉红色、淡蓝色或白色,孕性花极少。花期6~7月。常见栽培的同属品种有银边八仙花 *H. macrophylla* 'Maculata'。

产地: 原产于我国长江流域及以南地区,日本也有分布。

习性: 喜温暖、湿润和半阴环境,不耐干旱、忌水涝、不耐寒。适宜在肥沃、排水良好的酸性土壤中生长。土壤的酸碱度对八仙花的花色影响非常明显,土壤为酸性时,花呈蓝色;土壤呈碱性时,花呈红色。

栽培要点: 常用分株、压条和扦插繁殖。分株在早春萌发前进行,剪取顶端嫩枝,插后2周生根。春季萌芽后注意充分浇水,保证叶片不凋萎。花期肥水要充足,每月施肥1次,增施1~2次磷肥。但土壤pH值的变化,使八仙花的花色变化较大。为了加深蓝色,可在花蕾形成期施用硫酸铝。为保持粉红色,可在土壤中施用

石灰。为促生分枝,在新枝长至10厘米时可摘心。

适生地区: 我国长江流域及以南地区。

园林应用: 八仙花花大色艳,花期长,是极优良的观花灌木。适合植于林缘、路边或门庭入口,也可用于花坛及花境。

202

鸳鸯茉莉

学名: *Brunfelsia brasiliensis*

别名: 番茉莉、双色茉莉

科属: 茄科鸳鸯茉莉属

形态特征: 多年生常绿灌木,高50~100厘米。单叶互生,矩圆形或椭圆状矩形,先端渐尖,全缘,具短柄。花单生或呈聚伞花序,高脚蝶状,初开时淡紫色,随后变成淡雪青色,再后变成白色。果为浆果。花期4~10月。常见栽培的同属植物有大花鸳鸯茉莉 *B. calycina*。

产地: 原产于热带美洲地区,现我国南方地区多有栽培。

习性: 喜温暖、湿润和阳光充足的环境,较耐阴、不耐寒、不耐涝。要求富含腐殖质、疏松肥沃、排水良好的微酸性土壤。

园林应用: 鸳鸯茉莉花开二色,素雅别致,是优良的花灌木。适合路边、林下、山石边栽培观赏,也是庭院绿化的优良材料。

栽培要点: 用扦插或压条法繁殖。栽培宜选用肥沃、排水良好的壤土。生长季节保持水分充足,并经常向叶面喷水,如遇雨季应及时排水,冬季休眠期土壤稍润即可。生长期半月施1次氮、磷、钾复合肥,忌单施氮肥,否则枝叶徒长而花稀少,休眠期停肥。可于花后修剪,以保持株形优美。

适生地区: 我国华南南部、华东南部及西南南部。

• 大花鸳鸯茉莉

203

黄瓶子花

学名: *Cestrum aurantiacum*

别名: 黄花夜香树、黄花洋素馨

科属: 茄科夜香树属

形态特征: 常绿灌木。小枝具棱，无毛。单叶互生，草质，多长圆状卵形或椭圆形，顶端急尖，基部近圆形或阔楔形，全缘。总状式聚伞花序，花萼钟状，花冠筒状漏斗形，金黄色，夜间极香。浆果近梨状。花期从春到秋。

产地: 原产于美洲热带地区，现广植于热带及亚热带地区。

习性: 喜温暖、湿润及阳光充足的环境，稍耐阴，不耐霜冻。不择土壤，以肥沃、排水良好的沙质土壤为佳。

栽培要点: 扦插繁殖，春、秋为适期，多用当年生的枝条嫩枝扦插，也可采用老枝扦插。习性强健，生长期间常施些稀薄的液肥即可，盛花期保持肥、水充足。花后适当进行疏枝和短剪，以保持优美株形。

适生地区: 我国华南、华东南部及西南南部。

园林应用: 黄瓶子花花姿优雅，黄艳可爱。适合林缘、路边、坡地或庭院等处种植观赏，多丛植或片植。

204

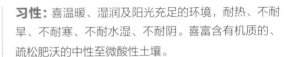

洋素馨

学名: *Cestrum nocturnum*

别名: 夜香树、夜丁香

科属: 茄科夜香树属

形态特征: 直立或近攀援常绿灌木，株高2~3米，枝条细长下垂。单叶互生，矩圆状卵形或矩圆状披针形，先端渐尖，基部近圆形或宽楔形，全缘，光亮。伞房式聚伞花序，腋生或顶生，花黄绿色，芳香。浆果矩圆形，种子长卵状。花期夏、秋季，果期冬、春季。

产地: 产于美洲热带地区。

习性: 喜温暖、湿润及阳光充足的环境，耐热、不耐旱、不耐寒、不耐水湿、不耐阴。喜富含有机质的、疏松肥沃的中性至微酸性土壤。

栽培要点: 采用播种、压条和扦插繁殖。栽培时选择土壤疏松、肥沃的地块，并施足有机肥。在生长期，不能缺水，保持土壤湿润。喜肥，生长季节每月施肥1~2次，复合肥及腐熟液肥均可。春季需对植株适当修剪，促发新枝。

适生地区: 我国华南、华东南部及西南南部。

园林应用: 洋素馨花色淡雅，芳香，是著名的芳香树种。适合植于公园、小区的墙垣、路边或庭院一隅。

205

紫瓶花

学名: *Cestrum elegans*

别名: 紫瓶花、紫夜香花

科属: 茄科夜香树属

形态特征: 常绿灌木。叶互生，卵状披针形，先端短尖，边缘波浪形。伞房花序，疏散，腋生或顶生，花冠长瓶状，花紫红色，夜间极香。浆果。花期夏、秋季，南方秋、冬季也可见花，果期次年4~5月。

产地: 原产于热带美洲地区。

习性: 喜温暖、湿润及阳光充足的环境，耐热、不耐寒。对土壤要求不高，喜疏松肥沃的沙质土壤。

栽培要点: 扦插繁殖，生长期均可进行，以春季为佳。栽培土壤宜肥沃疏松，定植前疏松土壤，施入有机肥，植后保持土壤湿润。对肥料要求不高，每月施1次复合肥或腐熟液肥均可。耐修剪，可于花后中度修剪或重剪。

适生地区: 我国华南南部、华东南部及西南南部。

园林应用: 紫瓶花花繁叶茂，花色宜人。适合丛植、片植于公园、庭院、小区等观赏，也可与其他花灌木配植于山石边或水岩边。

206

珊瑚豆

学名: *Solanum pseudo-capsicum*

别名: 冬珊瑚、珊瑚樱、玉珊瑚

科属: 茄科茄属

形态特征: 常绿小灌木,其株高可达1米。叶互生,叶披针状椭圆形,先端尖或钝,基部狭楔形下延成叶柄,边缘全缘或波状。花单生或数朵簇生于叶腋,花小,白色。果圆形,成熟时红色或橙红色。花期夏、秋季,果期秋、冬季。

产地: 原产于南美洲。

习性: 喜温暖、湿润、阳光充足的环境,不耐阴、不耐寒、耐旱。适宜生长在肥沃、疏松、排水良好的土壤中。

栽培要点: 常用播种繁殖,一般春播,待苗高20厘米时可定植,栽后浇透水,并遮阴,缓苗后在全光照下养护。入夏后气温高,要经常喷水增湿降温,每月施肥1~2次,复合肥为主,花期及结果期增施磷、钾肥。对老株及时修剪整形。

适生地区: 我国华南、西南南部及华东南部。

园林应用: 珊瑚豆果实红艳可爱,是观果之佳品。花坛、花台或花境栽培,也可用于庭院绿化。

207

大花茄

学名: *Solanum wrightii*

科属: 茄科茄属

形态特征: 常绿大灌木或小乔木。株高3～5米，叶互生，羽状裂叶，叶背中肋具棘刺，花腋生，花冠粉红色，果实大。花期几乎全年。

产地: 原产于巴西。

习性: 喜高温，耐热、耐旱、不耐寒。不择土壤，喜排水良好的壤土或沙质土壤。

栽培要点: 播种或扦插繁殖，春夏均可。定植时疏松土壤并施足基肥，土壤以肥沃壤土为佳，成株前每月施肥1次，以复合肥为主，虽然耐旱，但在干燥天气，注意补充水分。成株后可粗放管理，忌移植。每年早春可轻剪整形。

适生地区: 我国华南南部、华东南部及西南南部。

园林应用: 大花茄为茄科植物中少见的大型种，叶色浓绿，花淡雅。适合孤植于公园、小区、庭院及水岸边。

黄花曼陀罗

208

木本曼陀罗

● 紫花曼陀罗

● 黄花曼陀罗

● 粉花曼陀罗

学名: *Datura arborea*

别名: 大花曼陀罗

科属: 茄科曼陀罗属

形态特征: 常绿大灌木或小乔木,株高约2米。叶卵状披针形、矩圆形或卵形,顶端渐尖或急尖,全缘、微波状或有不规缺刻状齿,两面有微柔毛。花单生俯垂,花冠长漏斗状,白色,芳香,蒴果。花期6~10月。常见栽培的同属植物有黄花曼陀罗*D. aurea*,红花曼陀罗*D. sanguinea*,紫花曼陀罗*D. tatula*,粉花曼陀罗*D.*spp.。

产地: 原产于美洲热带。

习性: 喜温暖、湿润环境,喜光,不耐湿。对土壤要求不严,以疏松含腐殖质的微碱性土壤为佳。

● 红花曼陀罗

栽培要点: 常用播种、扦插法繁殖。对土壤要求不严,栽培以肥沃排水良好的土壤为佳,定植疏松土壤并施入有机肥。在生长期土壤不宜过干或过湿,过湿植株根系易腐烂,过干老叶易黄化脱落。耐修剪,植株老化或过高时可重剪更新,可促发分枝。成株粗生,每个生长季节施肥2~3次即可。

适生地区: 我国华东南部、华南、西南南部。

园林应用: 木本曼陀罗花大洁白,具芳香,有较高的观赏价值。适合群植、孤植或列植于林缘、坡地、池边或山石边观赏。

山茶科 Theaceae

209

米碎花

学名: *Eurya chinensis*

科属: 山茶科柃属

形态特征: 灌木，高1~3米，多分枝。叶薄革质，倒卵形或倒卵状椭圆形，顶端钝而有微凹或略尖，偶有近圆形，基部楔形，边缘密生细锯齿，有时稍反卷，上面鲜绿色，有光泽，下面淡绿色。花1~4朵簇生于叶腋，雄花花瓣5，白色，雌花花瓣5枚，卵形。果实圆球形，有时为卵圆形，成熟时紫黑色。花期11~12月，果期次年6~7月。

产地: 分布于我国江西、福建、台湾、湖南、广东、广西等地。多生于海拔800米以下的低山丘陵山坡灌丛路边或溪河沟谷灌丛中。

习性: 喜温暖、湿润及光照充足的环境，耐热、耐瘠、较耐寒，喜疏松、排水良好的沙质壤土。

栽培要点: 栽培可选择土壤肥沃、向阳的地块，并施入基肥。定植后每月施1次复合肥，忌偏氮，否则枝条徒长开花不良。生长期土壤以湿润为佳，特别是干热季节，多向植株喷雾及浇水，保持较高的湿度有利于植株生长。繁殖可采用扦插法。

适生地区: 我国华中南部、华南、华东南部及西南南部。

园林应用: 株形美观，花小繁密，观赏性较佳，可用于路边、墙垣边或一隅栽培观赏。

瑞香科 Thymelaeaceae

210

金边瑞香

学名: *Daphne odora* f. *marginata*

别名: 瑞兰、睡香、风流树

科属: 瑞香科瑞香属

形态特征: 多年生常绿小灌木，株高60~90厘米。单叶互生，纸质，长圆形或倒卵状椭圆形，先端钝尖，基部楔形，叶边带黄色。头状花序顶生，由数朵花（最多12朵）组成，花被筒状，花紫红色，香味浓郁。花期3~5月，果期7~8月。

产地: 原产于我国。

习性: 喜温暖、湿润、凉爽的气候环境，不耐严寒，忌暑热，耐阴，忌烈日直射。喜疏松肥沃、排水良好的沙壤土。

栽培要点: 扦插、播种、压条繁殖。定植时选择疏松、富含腐殖质及通风良好的地块，养护管理要注意控制浇水，若浇水过多、过湿或渍水，易引起烂根，雨后及时排水。天气炎热时要喷水降温。生长季每月施肥1~2次，开花前后追施1次稀薄肥水。萌发力较强，耐修剪，花后进行整枝。

适生地区: 我国华东中南部、华南中北部、华中南部及西南中部。

园林应用: 金边瑞香具芳香，是著名的芳香花卉。多盆栽，也可植于庭院、公园的池畔、山石边或墙垣边。

马鞭草科 Verbenaceae

211

赪桐

学名： *Clerodendrum japonicum*

别名： 状元红、贞桐、朱桐

科属： 马鞭草科大青属

形态特征： 多年生落叶或常绿灌木。株高1～2米。叶对生，宽卵形，纸质，顶端尖或渐尖，基部心形，边缘有细腺齿，叶背有黄色腺点。圆锥状聚伞花序顶生，花红色，花冠五裂，冠筒细长，花期5～7月。果实球形，蓝黑色，果熟期9～10月。

产地： 原产于印度，我国长江流域及西南各省有分布。

习性： 喜高温、湿润、半荫蔽的气候环境，忌干旱、忌涝、不耐寒。对土壤要求不严，但以肥沃而排水良好的微酸性沙壤土生长较好。

栽培要点： 分株、扦插或播种繁殖。分株一般在春季进行，嫩枝扦插在25℃温度条件下，30天生根。生长期间保持土壤湿润，夏天忌强阳光直射，每隔半月施肥1次，肥料以腐熟液肥为好。适当修剪，以保持植株生长态势。

适生地区： 我国长江流域及以南地区。

园林应用： 赪桐叶色翠绿，花艳如火，观赏期长，是优良的观花灌木。适合公园、小区、庭院等丛植、片植于路边、池畔、山石边绿化。

212

烟火树

学名: *Clerodendrum quadriloculare*

别名: 星烁山茉莉

科属: 马鞭草科大青属

形态特征: 常绿灌木或小乔木，株高3~4米。叶对生，长椭圆形，先端尖，全缘或具波状锯齿。聚伞状花序顶生，小花多数，花冠高脚蝶状，紫红色，先端5裂，裂片白色。花期为春季。

产地: 原产于菲律宾。

习性: 喜高温、湿润气候，喜光也耐半阴，耐热、不耐寒。要求排水良好的沙质壤土。

栽培要点: 繁殖用分株或扦插法。栽培以沙质土壤为佳，排水需良好。春至秋季施肥3~4次。花后修剪整枝，如植株过高或老化，可重剪更新。

适生地区: 我国华南南部、华东南部及西南南部。

园林应用: 烟火树花、叶均有一定的观赏价值，适合庭院美化及公园、居民区等栽培。可单独种植，也可与其他花灌木配植。

213

垂茉莉

学名: *Clerodendrum wallichii*

别名: 黑叶龙吐珠

科属: 马鞭草科大青属

形态特征: 常绿半蔓性灌木。株高达1~2米。叶对生，长圆状披针形或披针形，顶端渐尖或长渐尖，基部楔形渐狭，全缘或具波状缘，两面无毛。圆锥状聚伞花序，花冠白色，花丝细长。春夏季开花。

产地: 产于我国广西西南部、云南西部及西藏，西南亚也有分布。

习性: 喜温暖至高温，耐热、耐瘠，不耐寒。喜疏松的壤土或沙质壤土，需排水良好。

栽培要点: 用播种或扦插繁殖，春秋季进行。栽培土壤以排水良好壤土或沙壤土为佳，土壤宜保持湿润，成株前在生长期每1~2个月施肥1次。成株后可粗放管理。耐修剪，一般花后修剪整形。

适生地区: 我国华南、华东南部及西南地区。

园林应用: 垂茉莉花姿优美，洁白素雅，观赏性佳。适合路边、石边及池畔丛植、列植或片植，也是庭院绿化的优良树种。

214

金叶假连翘

学名: *Duranta repens* 'Dwarf Yellow'

别名: 黄金叶

科属: 马鞭草科假连翘属

形态特征: 常绿灌木,株高20~60厘米。叶对生,叶长卵圆形、卵椭圆形或倒卵形,中部以上有粗齿。总状花序呈圆锥状,花蓝色或淡蓝紫色。核果橙黄色,有光泽。花期5~10月。常见栽培的同属植物有假连翘 *D. repens* 和花叶假连翘 *D. repens* 'Alba'。

产地: 原产于墨西哥至巴西,我国南方广为栽培,华中和华北地区多为盆栽。

习性: 喜高温,耐旱,喜光,能耐半荫。宜疏松肥沃土壤。

栽培要点: 多用扦插或播种繁殖。习性强健,对栽培环境没有特殊要求,定植后,浇透不保湿。在苗期,水分要充足,每月追施1次液肥。成株粗放管理,待植株长的过高或老化时可重剪更新。

适生地区: 我国华南、华东南部及西南南部。

园林应用: 金叶假连翘叶色金黄,花淡雅,果实金黄可爱,有极佳的观赏性。适合公园、坡地或角隅处丛植或做绿篱,也是优良的地被植物。

花叶假连翘

假花翘

215

冬红

学名: *Holmskioldia sanguinea*

别名: 帽子花

科属: 马鞭草科冬红属

形态特征: 常绿灌木，高3～10米。叶对生，全缘或有齿缺，卵形，两面具腺点，基部圆形或近平截。聚伞花序生于上部叶腋处，花冠管状，橙红色，自花萼中央伸出。春夏两季为开花期。核果球形，秋冬季成熟。

产地: 原产于喜马拉雅山南坡至马来西亚，热带地区广植。

习性: 喜温暖、湿润气候环境，喜光，耐热、耐瘠、不耐寒。喜肥沃、排水良好的土壤。

栽培要点: 用播种或扦插繁殖。习性强健，可裸根定植，植后保持土壤湿润。成活后苗期适当施肥，天气干旱时及时补水。成株后粗放管理。耐修剪，每年可于花后修剪，栽培年限较长时可重剪更新。

适生地区: 我国华南南部、华东南部及西南南部。

园林应用: 冬红习性强健，花色红艳，适合公园、绿地、坡地等栽培观赏，可丛植、片植或列植于路边、池畔等处。

216

五色梅

学名: *Lantana camara*

别名: 马樱丹、臭草

科属: 马鞭草科马缨丹属

形态特征: 常绿小灌木,高可达2米,全株被短毛,有臭味。叶对生,卵形或长圆状卵形。头状花序顶生或腋生,具总梗。其上簇生多数小花,花冠高脚蝶状,有红、粉红、黄、橙黄、白等多种颜色。核果球形,肉质,成熟时紫黑色。四季开花。

产地: 原产于热带美洲地区,在我国南方已归化。

习性: 喜温暖、湿润和阳光充足的环境,稍耐旱、不耐寒、不耐阴。不择土壤。

栽培要点: 通常播种或扦插繁殖。定植前疏松土壤,施入有机肥,移植可裸根进行,植后浇透水,极易成活。小苗高25厘米时可摘心,以促发侧枝。小苗在生长旺期每月施2次复合肥,并保持土壤湿润。耐修剪,每年春季可进行,把过密枝、纤弱枝、交叉枝及病虫枝从基部疏剪掉,也可重剪更新。

适生地区: 我国华东南部、华南及西南南部。

园林应用: 五色梅花色繁多,花期几乎全年,观赏性极佳。适合路边、池畔、坡地等绿化美化,也可用于花坛、花台、花境等,也是庭院绿化的优良材料。

217

蓝蝴蝶

学名： *Rotheca myricoides*

别名： 紫蝴蝶、紫蝶花、乌干达赪桐

科属： 马鞭草科蓝蝴蝶属

形态特征： 常绿灌木，株高50～120厘米。叶对生，倒卵形至倒披针形，先端尖或钝圆。花冠白色，唇瓣紫蓝色。花期为春、夏季。

产地： 原产于热带非洲。

习性： 喜温暖、湿润气候，耐寒、耐旱，宜生长于疏松的砂壤土中。

栽培要点： 以扦插法繁殖，春秋为扦插适期。栽培土壤以沙质壤土为佳，植前疏松土壤，并施入有机肥，移植时还宿土。生长期间保持土壤湿润，每月施1次稀薄液肥或复合肥。花后剪除花枝，减少养分消耗。

适生地区： 我国华南南部、西南南部及华东南部。

园林应用： 蓝蝴蝶花形似蝶，花形别致，花色清雅，是极佳的观赏灌木。适合公园、庭院、小区等丛植、片植。

参考文献

［1］任海. 珍奇植物［M］. 乌鲁木齐：新疆科学技术出版社，2006.

［2］刘少宗. 习见园林植物［M］. 天津：天津大学出版社，2003.

［3］薛聪贤. 景观植物实用图鉴（第2版）［M］. 广州：百通集团广东科技出版社，2002.

［4］邓莉兰. 常见树木（2）南方［M］. 北京：中国林业出版社，2007.

［5］汪劲武. 常见树木（1）北方［M］. 北京：中国林业出版社，2007.

［6］周厚高，王凤兰，等. 有益花木图鉴［M］. 广州：广东旅游出版社，2006.

［7］孙光闻，徐晔春. 切花图鉴［M］. 广东：汕头大学出版社，2008.

［8］徐晔春，江珊. 养花图鉴［M］. 广东：汕头大学出版社，2008.

［9］中国科学院中国植物志编辑委员会. 中国植物志［M］. 北京：科学出版社，2004.